Hochschultext

W0259899

E. Kreuzer

Numerische Untersuchung nichtlinearer dynamischer Systeme

Mit 47 Abbildungen, 5 Tabellen und 2 Farbtafeln

Springer-Verlag
Berlin Heidelberg NewYork
London Paris Tokyo 1987

Prof. Dr.-Ing. habil. E. Kreuzer
Institut B für Mechanik, Universität Stuttgart
Pfaffenwaldring 9, 7000 Stuttgart 80

ISBN-13: 978-3-540-17317-5 e-ISBN-13: 978-3-642-82968-0
DOI: 10.1007/978-3-642-82968-0

CIP-Kurztitelaufnahme der Deutschen Bibliothek.
Kreuzer, Edwin: Numerische Untersuchung nichtlinearer dynamischer Systeme / E. Kreuzer.
– Berlin; Heidelberg; New York; Tokyo: Springer, 1987. (Hochschultext)
ISBN-13: 978-3-540-17317-5

Das Werk ist urheberrechtlich geschützt. Die dadurch begründeten Rechte, insbesondere die der Übersetzung, des Nachdrucks, der Entnahme von Abbildungen, der Funksendung, der Wiedergabe auf photomechanischem oder ähnlichem Wege und der Speicherung in Datenverarbeitungsanlagen bleiben, auch bei nur auszugsweiser Verwertung, vorbehalten. Die Vergütungsansprüche des §54, Abs. 2 UrhG werden durch die »Verwertungsgesellschaft Wort«, München, wahrgenommen.

© Springer-Verlag Berlin Heidelberg 1987

Die Wiedergabe von Gebrauchsnamen, Handelsnamen, Warenbezeichnungen usw. in diesem Buche berechtigt auch ohne besondere Kennzeichnung nicht zu der Annahme, daß solche Namen im Sinne der Warenzeichen- und Markenschutz-Gesetzgebung als frei zu betrachten wären und daher von jedermann benutzt werden dürften.

2160/3020 543210

Meiner Mutter

Vorwort

Dynamische Systeme werden häufig erst durch nichtlineare mathematische Modelle befriedigend genau beschrieben. Die detaillierte Kenntnis der in solchen Systemen auftretenden Phänomene, die von periodischen Schwingungen bis zu chaotischen Bewegungen reichen, ist in den Naturwissenschaften und in der Technik von großer Bedeutung. Da für nichtlineare Systeme analytische Lösungen nur selten angegeben werden können, ist man meist auf numerische Lösungsmethoden angewiesen. Neben der Lösung sind auch qualitative und quantitative Kenngrößen zur Systembeurteilung von großer praktischer Bedeutung. Statistische Methoden spielen dabei eine wichtige Rolle.

Im vorliegenden Buch werden bewährte und neue Methoden zur numerischen Untersuchung nichtlinearer dynamischer Systeme zusammengestellt und weiterentwickelt. Anwendungsorientierte Methoden stehen im Vordergrund des Interesses. Ausführlich werden auch die in den letzten Jahren intensiv studierten chaotischen Bewegungen diskutiert. Unregelmäßige Bewegungen, wie sie aus der Fluiddynamik seit langem bekannt sind, können auch bei mechanischen Systemen mit wenigen Freiheitsgraden beobachtet werden. Diese Bewegungen sind nicht die Folge von Unregelmäßigkeiten in den Eingangsgrößen oder Parametern, sondern werden nur durch die Nichtlinearitäten im deterministischen System hervorgerufen.

Die genannten Phänomene haben zunächst das Interesse der Mathematiker geweckt, die neue Ideen und topologische Konzepte entwickelten, um die Lösung zu erleichtern und die teilweise sehr verwickelten Eigenschaften zu erklären. Begriffe, wie seltsame Attraktoren, Selbstähnlichkeit, Empfindlichkeit gegenüber Störungen der Anfangsbedingungen u.a. wurden zur Kennzeichnung chaotischer Eigenschaften eingeführt. Aber auch für den an Anwendungen interessierten Dynamiker, und vor allem die Ingenieure sind die neuen Entwicklungen von Bedeutung. Nicht nur, weil die neuen mathematischen Konzepte klassische Lösungsverfahren sinnvoll ergänzen, sondern auch deshalb, weil dadurch z.B. die Vorhersage über das Langzeitverhalten von Systemen eine neue Qualität erhalten hat.

Dieses Buch basiert auf der Schrift "Zur numerischen Untersuchung nichtlinearer dynamischer Systeme", die im Jahre 1986 zur Habilitation an der Universität Stuttgart für das Fachgebiet Mechanik führte. Für die wohlwollende Förderung während der Arbeit an diesem Thema danke ich Herrn Professor Dr. W. Schiehlen herzlich. Dank gebührt auch Herrn Professor Dr. K. Kirchgässner, der als Mitberichter am Habilitationsverfahren mitwirkte. Mein Dank gilt außerdem Herrn Professor C.S. Hsu von der Universität von Kalifornien in Berkeley, der mich während eines von der Deutschen Forschungsgemeinschaft finanzierten Forschungsaufenthaltes in die Methode der Zellabbildung einweihte, die zu einer wichtigen Grundlage meiner eigenen Arbeit wurde. Herrn Dipl.-Ing. D. Bestle schulde ich ebenfalls Dank, er hat beim Korrekturlesen eine Reihe von Schreibfehlern aufgedeckt und mich durch seine sachkundige Kritik zu manch schärferer Formulierung veranlaßt. Frau B. Arnold hat die Schreibarbeiten für das Manuskript sorgfältig durchgeführt und Herr cand. mach. E. Settelmeyer hat mit Akribie die stets notwendigen Korrekturen vorgenommen. Schließlich habe ich noch Herrn Dr. W. Ludwig vom Springer-Verlag dafür zu danken, daß er das Buch in die Reihe Hochschultext aufgenommen und meine Sonderwünsche berücksichtigt hat.

Stuttgart, im Oktober 1986 Edwin Kreuzer

Inhaltsverzeichnis

Verzeichnis der wichtigsten Symbole und Formelzeichen

1 Allgemeine mathematische Zeichen

$\forall$ für alle
$:=$ nach Definition gleich
$\rightarrow$ wird zugeordnet; wird abgebildet; hat das Bild
$\|\bullet\|$ Norm von $\bullet$
$\prod_i$ Produkt über alle Elemente i

2 Mengen

$\{a_1, a_2, \ldots\}$ Menge der Elemente $a_1, a_2, \ldots$
$a \in A$ a ist Element von A
$a \notin A$ a ist nicht Element von A
$\{a | \ldots\}$ Menge aller a, für die gilt ...
$A \cup B$ A ist vereinigt mit B
$A \cap B$ A ist geschnitten mit B
$A \subset B$ A ist echte Teilmenge von B
$A \subseteq B$ A ist Teilmenge von B
$A \setminus B$ A ohne B : $\{a \mid a \in A , a \notin B\}$
$\emptyset$ leere Menge
$A \times B$ kartesisches Produkt oder Produktmenge: $\{(a,b) | a \in A, b \in B\}$
$\bigcup_i A_i$ Vereinigung aller A_i
$\bigcap_i A_i$ Durchschnitt aller A_i

3 Zahlen

$\mathbf{N}$ Menge der natürlichen Zahlen
$\mathbf{N}_0$ Menge der natürlichen Zahlen einschließlich Null
$\mathbf{Z}$ Menge der ganzen Zahlen
$\mathbf{R}$ Menge der reellen Zahlen
$\mathbf{R}^N = \underbrace{\mathbf{R} \times \ldots \times \mathbf{R}}_{N}$ N-dimensionaler reeller Raum
(a,b) offenes Intervall von a bis b
$[a,b]$ abgeschlossenes Intervall von a bis b
$(a,b], [a,b)$ halboffenes Intervall von a bis b

4 Abbildungen, Funktionen

$f: A \rightarrow B$ Abbildungsschreibweise, jedem $a \in A$ wird ein $f(a) \in B$ zugeordnet
$f(A)$ Bild von A : $\{f(a) \in B \mid a \in A\}$

$f^{-1}(b)$ Urbild von b : $\{a \in A \mid f(a) = b\}$

f^{-1} inverse Abbildung oder Umkehrabbildung von f

$f^{-1}(B)$ Urbild von B : $\bigcup_{b \in B} f^{-1}(b)$

$f \circ g$ Komposition der Abbildungen, $f \circ g(a) = f(g(a))$

C^r r-fach stetig differenzierbare Funktion

injektiv $f(a_1) = f(a_2) \Rightarrow a_1 = a_2$

surjektiv $f(A) = B$

bijektiv injektiv und surjektiv; nur dann ist f^{-1} eine Abbildung
$a = f^{-1}(b) \Longleftrightarrow b = f(a)$

5 Topologische Begriffe

Umgebung von $a \in A$: Offene Menge, die a enthält. Wird meistens mit U oder V bezeichnet.

Umgebung von $B \subset A$: Offene Menge, die B enthält.

Abschluß von B : Kleinste abgeschlossene Menge von B.

Homöomorphismus : Stetige Bijektion f, so daß auch f^{-1} stetig ist.

Diffeomorphismus: Bijektion f die nebst ihrer Inversion f^{-1} differenzierbar ist.

6 Mathematische Konventionen

$\dot{x}$ Ableitung von x in Bezug auf t : $\dot{x} = \frac{dx}{dt}$

det $\mathbf{A}$ Determinante der Matrix $\mathbf{A}$

spur $\mathbf{A}$ Spur der Matrix $\mathbf{A}$: spur $\mathbf{A} = \sum_i a_{ii}$

$\mathbf{A}^T$ transponierte Matrix von $\mathbf{A}$

$\mathbf{a} \circ \mathbf{b}$ Skalarprodukt

span{...} Unterraum mit den Basisvektoren {...}

7 Große lateinische Buchstaben

A Wert der Spur einer Matrix $\mathbf{G}$

A Attraktor

$\mathbf{A}$ Systemmatrix linearer Systeme

$\mathbf{A}$ Matrix der Absorptionswahrscheinlichkeiten

B Wert der Determinante einer Matrix $\mathbf{G}$

B Beharrliche Gruppe von Zellen

C Leistungsspektrum

D Einzugsgebiet

D_F Fraktale Dimension

D_I Informationsdimension

D_k Teilgruppe von Zellen der Periode k

D_L Ljapunov-Dimension

D_T Topologische Dimension

Df Jacobimatrix der Funktion $\mathbf{f}$

Dg	Jacobimatrix der Funktion g
E	Energiefläche
E_{kin}	Kinetische Energie
E_{pot}	Potentielle Energie
E^-	Stabiler Vektorraum
E^+	Instabiler Vektorraum
E^0	Zentrumsunterraum
$\mathbf{E}$	Permutationsmatrix
F	Flüchtige Gruppe von Zellen
$\mathbf{F}$	Matrizenfunktion
$\mathbf{G}$	Abbildungsmatrix der linearen oder linearisierten Punktabbildung
H	Hamilton-Funktion
H_x	Hamiltonsches Vektorfeld
I	Vektor der Wirkungsvariablen
$\mathbf{I}$	Einheitsmatrix
$\mathbf{J}$	Jacobische Matrix der Hamiltonschen Systeme
K	Lipschitzkonstante
M	Zahl der Hyperwürfel
M	Mannigfaltigkeit
$\mathbf{M}$	Hilfsmatrix bei Markov-Ketten
N	Dimension des Phasenraumes
N_B	Zahl der beharrlichen Zellen
N_F	Zahl der flüchtigen Zellen
N_k	Zahl der Zellen in einer Teilgruppe von Zellen der Periode k
N_r	Zahl der regulären Zellen
N_s	Zahl der Stichproben einer Zelle
N_{sk}	Zahl der Intervalle einer Zelle
N_{zi}	Zahl der Intervalle in i-Koordinatenrichtung
$\mathbf{N}$	Hilfsmatrix bei Markov-Ketten
P	Poincaré-Abbildung
$\mathbf{P}$	Vektor der transformierten verallgemeinerten Impulse P_i
$\mathbf{P}$	Übergangswahrscheinlichkeitsmatrix
$\hat{\mathbf{P}}$	Normalform der Übergangswahrscheinlichkeitsmatrix
$\mathbf{Q}$	Vektor der transformierten verallgemeinerten Koordinaten Q_i
$\mathbf{Q}$	Matrix der flüchtigen Gruppe einer Markov-Kette
$\mathbf{R}$	potenzierte Übergangswahrscheinlichkeitsmatrix einer periodischen Teilgruppe
S	Zellraum
S	Wirkungsfunktion Hamiltonscher Systeme
S	invariante Menge
S^n	n-dimensionale Sphäre

T	Periodendauer
T^n	n-dimensionaler Torus
T_xM	Tangentialfläche an die Mannigfaltigkeit M im Punkt x
$\mathbf{T}$	Durchgangsmatrix einer Markov-Kette
W^-	Stabile Mannigfaltigkeit
W^+	Instabile Mannigfaltigkeit
$\mathbf{W}$	Hilfsmatrix bei Markov-Ketten
X	Fourier-Spektrum

8 Kleine lateinische Buchstaben

a	Anregungsamplitude
$\mathbf{b}$	Vektor der Gauss-Seidel-Iteration
c	Konstante
c	Abbildungsfunktion der einfachen Zellabbildung
d	Dämpfungsparameter
e	Exponentialfunktion
$\mathbf{e}_i$	Einheitsvektor mit Element 1 in der i-ten Koordinate
f	Zahl der Freiheitsgrade
f_{ij}	Übergangswahrscheinlichkeit von Zelle j zu Zelle i nach n Schritten
$\mathbf{f}$	Vektorfunktion
g	Erdbeschleunigung
$\mathbf{g}$	Fluß der Punktabbildung
h	Energiewert der Hamilton-Funktion
h_i	Zellbreite in i-Koordinatenrichtung
$\mathbf{h}$	Vektorfunktion
$\mathbf{h}$	Homöomorphismus
i	Index
i	Nummer einer Zelle
j	Index
j	Nummer einer Zelle
k	Index
$\mathbf{k}$	Vektorfunktion
l	Index
m	Index
m_{ij}	Bildpunkte der Stichproben von j nach i
n	Diskrete Zeit
$\mathbf{n}$	Vektor mit Elementen $n_i \in \mathbf{N}$
o	Index
p_{ij}	Übergangswahrscheinlichkeit von Zelle j zu Zelle i
$\mathbf{p}$	Vektor der verallgemeinerten Impulse p_i
$\mathbf{p}$	Vektor der Grenzwahrscheinlichkeitsverteilung
q_{ij}	Elemente der Matrix $\mathbf{Q}$ der flüchtigen Gruppe
$\mathbf{q}$	Vektor der verallgemeinerten Koordinaten q_i
r	Radius der Polarkoordinaten

r	Schrittzahl im Einzugsbereich bei der einfachen Zellabbildung
r_{ij}	Koeffizienten der Matrix $\mathbf{R}$
t	Zeit
t_{ij}	Elemente der Durchgangsmatrix $\mathbf{T}$
$\mathbf{u}$	Eigenvektor zum Eigenwert mit positivem Realteil
$\mathbf{v}$	Geschwindigkeitsvektor
$\mathbf{v}$	Eigenvektor zum Eigenwert mit negativem Realteil
w_{ij}	Koeffizienten der Hilfsmatrix $\mathbf{W}$
$\mathbf{w}$	Tangentialvektor
$\mathbf{w}$	Eigenvektor zum Eigenwert mit Realteil vom Wert null
$\mathbf{x}$	Zustandsvektor
$\mathbf{y}$	Vektorfunktion
$\mathbf{z}$	Zustandsvektor

9 Griechische Buchstaben

α	Grenzpunkt
α	Frequenzverhältnis
α	Amplitudengabelungsverhältnis
α	Realteil eines Eigenwertes λ
α_{ij}	Absorptionswahrscheinlichkeit von j nach i
β	Imaginärteil eines Eigenwertes λ
γ	periodischer Orbit
δ	Dämpfungskoeffizient
δ	Feigenbaumkonstante
ε	kleiner Parameter
ζ	Koordinate eines äquivalenten linearen Raumes
$\boldsymbol{\zeta}$	Wahrscheinlichkeitsvektor
$\boldsymbol{\eta}$	Anfangswahrscheinlichkeitsvektor
θ	Dimensionslose Zeit
θ	Winkel der Polarkoordinaten
$\boldsymbol{\theta}$	Vektor der Winkelvariablen θ_i
λ	Eigenwert
Λ	Volumenänderungsrate
μ	Parameter
μ	Invariantes Maß
μ	Reibungskoeffizient
ν_{ij}	Erwartete Absorptionszeiten von j nach i
ξ	Diskrete Zustandsvariable
$\boldsymbol{\xi}$	Zustandsvektor des linearisierten Systems
Π	Projektion des Phasenraumes
ϱ	Betrag eines Eigenvektors
ϱ	Phasenraumdichte
σ	Ljapunov-Exponent
$\sigma_j^{(n)}$	Aufenthaltsdauer in flüchtigen Zellen
Σ	Schnittfläche
τ	Diskretisierungszeit
$\boldsymbol{\varphi}_t$	Fluß des kontinuierlichen Systems
ψ	Winkelkomponente eines Eigenwertes

ω	Grenzpunkt
ω	Frequenz
$\boldsymbol{\omega}$	Frequenzvektor
Ω	Menge der nichtwandernden Punkte
Ω	Interessierender Bereich des Zustandsraumes
Ω_i	Teilgebiet des Zustandsraumes

1 Einleitung

Ein System, sei es technisch, physikalisch, biologisch, etc., das sich mit der Zeit verändert, wird als dynamisch bezeichnet. Die Untersuchung solcher Systeme gehört mit zu den wichtigsten Aufgaben, die in den Naturwissenschaften und der Technik zu lösen sind. Die Aufgabe des Ingenieurs besteht normalerweise darin, ein dynamisches System zu entwickeln, das keine ungewollten Bewegungen ausführt. Dabei wird er stets versuchen, den Einfluß unregelmäßigen Verhaltens zu kontrollieren und zu minimieren. Dazu werden Regelsysteme mit Erfolg eingesetzt, die oftmals auch nichtlineare Elemente enthalten. Zur Untersuchung der Dynamik ist natürlich eine gute Kenntnis der wesentlichen Systemparameter und deren Zusammenwirken erforderlich. Um das Zusammenwirken aller betrachteten Größen beurteilen zu können, benutzt man mathematische Modelle, die im Rahmen dieser Arbeit ausschließlich durch gewöhnliche Differentialgleichungen oder Differenzengleichungen repräsentiert werden.

Naturwissenschaftliche und technische Modelle dynamischer Systeme zielen in der Regel auf das Erklären von Phänomenen realer Systeme. Zur Formulierung der zugehörigen mathematischen Modelle benutzt man Naturgesetze wie z. B. das Newtonsche Gesetz. Die daraus entstehenden Gleichungen werden, wenn immer das möglich ist, linearisiert. Man kann dann die Gesamtheit der Lösungen durch einfache Superposition partikulärer Lösungen in analytischer Form erhalten. Die Beschreibung von Modellen durch lineare Gleichungen bedeutet aber eine erhebliche Einschränkung der Lösungsvielfalt. Neben harmonischen und fastperiodischen Bewegungen kann nur exponentielles Aufschaukeln oder Abklingen auftreten. Da sich in realen Systemen stets viele gleichzeitig wirkende Einflüsse überlagern, können komplexe Phänomene nur mit vielen linearen Gleichungen, und auch dann nur ungenügend, beschrieben werden.

Dynamische Systeme werden deshalb häufig erst durch nichtlineare mathematische Modelle befriedigend genau wiedergegeben. Solche Modelle müssen aber nicht notwendigerweise komplex sein, um die volle Vielfalt nichtlinearer Systeme aufzuzeigen, die von periodischen Bewegungen bis zu völlig regellosem, chaotischem Verhalten reicht. Trotz der oft großen Eleganz und Einfachheit nichtlinearer Gleichungen bereitet jedoch ihre Lösung oftmals erhebliche Schwierigkeiten. Während für die Lösung linearer Differentialgleichungen eine relativ vollständige Theorie verfügbar ist, bleiben die nichtlinearen Systeme analytischen Lösungen weitgehend unzugänglich, sieht man von den Störungsmethoden für schwach nichtlineare Systeme ab.

Die notwendige Information zur Auswahl einer bestimmten Lösung aus einer Menge von Lösungen steckt in den Anfangsbedingungen. Diese müssen genau bekannt sein, um eine bestimmte Lösung berechnen zu können. Wegen des Fehlens analytischer Lösungen ist man aber meist gezwungen, auf numerische Lösungsmethoden zurückzugreifen. Um aber zusätzlich einen möglichst guten Überblick über das Lösungsverhalten eines Systems im Großen zu erhalten, steht man vor der Aufgabe, für sehr viele Anfangsbedingungen numerische Lösungen zu suchen. Dies erfordert neben einer geschickten Strategie zusätzlich ein systematisches Vorgehen und effiziente numerische Verfahren. Darüber hinaus ist es von großer praktischer Bedeutung, die in einem System auftretenden Lösungen zu charakterisieren, denn nur dann sind auch geeignete Maßnahmen zur Beeinflussung der Bewegungen möglich.

1.1 Literaturübersicht

Aufgrund der mehrere hundert Jahre alten Geschichte der Dynamik ist die Literatur über dieses Wissenschaftsgebiet äußerst reichhaltig und vielfältig. Grob kann die Dynamik in drei Disziplinen eingeteilt werden, Abraham und Shaw [1982]:

- angewandte Dynamik,
- mathematische Dynamik, und
- experimentelle Dynamik.

Eine umfassende Würdigung aller Gebiete würde den Rahmen dieser Arbeit sprengen. Es werden hier nur einige wesentliche Gesichtspunkte herausgestellt und durch Literaturstellen untermauert. Ein genaueres Studium von Spezialgebieten erfordert auf jeden Fall ein eingehendes Studium der jeweiligen Literatur. Die meisten Literaturzitate in dieser Übersicht geben Bücher an. Das bedeutet nicht, daß die Forschungen auf diesem Gebiet abgeschlossen sind, sondern ist im Gegenteil Ausdruck der Schwierigkeit, aus der ungemein reichhaltigen Flut von bedeutenden und aktuellen Veröffentlichungen eine gerechte Auswahl zu treffen.

Die angewandte Dynamik ist die älteste Disziplin. Ursprünglich als Zweig der Naturphilosophie betrachtet geht sie mindestens bis auf Galilei und Kepler zurück. Als bedeutende Beiträge aus neuerer Zeit sind hier die Bücher von Minorsky [1962] und Nayfeh und Mook [1979] zu nennen. Die angewandte Dynamik wird heute im besonderen in den technischen Wissenschaften vorangetrieben, Schiehlen [1985].

Die mathematische Dynamik begann wohl mit Newton und wurde ein großer und aktiver Zweig der reinen Mathematik. Die Analysis war das wichtigste Werkzeug beim Studium der Dynamik bis Poincaré zeigte, daß aufgrund von Divergenzproblemen die Störungsmethoden nicht immer richtige Ergebnisse liefern. Seit Poincaré [1892] sucht man deshalb die Bewegungen eines dynamischen Systems in ihren qualitativen Zügen zu charakterisieren. Die heutigen modernen Methoden zur qualitativen Analyse von Differentialgleichungen beruhen auf den von Poincaré begründeten geometrischen oder topologischen Methoden. Bedeutende Stationen bei der Weiterentwicklung dieser Methoden sind vor allem die Arbeiten von Ljapunov [1907], Birkhoff [1927], Andronov, Witt und Chaikin [1965] und Arnold [1978, 1980, 1983]. In den vergangenen 25 Jahren hat sich die mathematische Dynamik ungewöhnlich schnell entwickelt. Durch Smale's [1967] berühmte Arbeit wurde eine Vielzahl neuer Forschungen angeregt, die am besten durch den Namen symbolische Dynamik gekennzeichnet werden. Umfassende Darstellungen vieler Aspekte der mathematischen Dynamik sind in Abraham und Marsden [1978] sowie Abraham, Marsden und Ratiu [1983] zu finden. Bis in die siebziger Jahre blieb die mathematische Dynamik für Ingenieure weitgehend unbekannt. Die Bedeutung der qualitativen Methoden ist gerade heute auch für die angewandte Dynamik groß, da oft erst dadurch eine Beurteilung und Deutung numerischer Lösungen möglich wird.

Die experimentelle Dynamik ist ein immer wichtiger werdender Zweig der Dynamik. Begründet durch Galilei war darin wenig Aktivität bis zu Duffing [1918] und van der Pol [1927]. Aber seitdem werden experimentelle Techniken mit jeder neuen Entwicklung der Technologie verbessert. Vor allem Analog- und Digitalrechner sind heute wichtige Experimentiergeräte. Viele Erkenntnisse über chaotisches Verhalten und "Strange Attractors" - die eine große Zahl von Veröffentlichungen zur Folge hatten und noch haben - wären ohne diesen Teil der experimentellen Dynamik nicht existent. Die Arbeiten von Lorenz [1963], Hayashi [1964], Rössler [1976], Ueda [1980], Shaw [1981] und Peitgen und Richter [1986] seien hier stellvertretend für viele genannt. Durch die leichte Verfügbarkeit von Rechenanlagen ist man heute in der Lage, das Verhalten komplexer Systeme zu simulieren und sich fast spielerisch an ihre Eigenschaften zu gewöhnen. Richtig eingesetzt können so Rechner sicher das Verständnis komplizierter Phänomene erleichtern. Mit effizienten numerischen Verfahren werden auch schwierige Probleme berechenbar. Dabei verlieren wichtige Annahmen und Voraussetzungen, die früher zur Vereinfachung der Rechnung nötig waren, an Bedeutung.

In den vergangenen Jahren sind viele Arbeiten aus dem Bereich der Ingenieurwissenschaften erschienen, die den Nutzen der Theorie der dynamischen Systeme nachdrücklich unter Beweis stellten. Dadurch wird vor allem die Befruchtung der angewandten und experimentellen Dynamik durch die mathematische Dynamik deutlich. Gerade die Bücher von Lichtenberg und Lieberman [1983] sowie Guckenheimer und Holmes [1983] sind Vertreter dieser Synthese von reiner Theorie und Anwendungen.

In der vorliegenden Arbeit stehen Methoden zur numerischen Analyse nichtlinearer dynamischer Systeme im Vordergrund des Interesses. Um zu möglichst weitreichenden Aussagen über das Verhalten solcher Systeme zu kommen, genügt es meist nicht, nur einzelne Lösungen zu betrachten, sondern man muß ein ganzes Ensemble von Lösungskurven verfolgen. Diese Betrachtung von Systemen führt zwangsläufig zu statistischen Analysemethoden. Als Stichworte seien hier Ljapunov-Exponenten, Dimension und Entropie genannt. Aber auch die Arbeiten von Hsu [1980, 1981], in denen die Zellabbildungsmethode begründet wird, gehören in diese Kategorie. Rechenalgorithmen, die auf der Zellabbildungstheorie beruhen, liefern nicht nur quantitative Aussagen, sondern auch qualitative Aspekte über das Systemverhalten und Einzugsbereiche von asymptotisch stabilen Lösungen.

1.2 Mathematische Beschreibung nichtlinearer dynamischer Systeme

Gemäß den bisherigen Ausführungen können die Methoden zur mathematischen Beschreibung nichtlinearer dynamischer Systeme in zwei Kategorien eingeteilt werden, die

- qualitativen (topologischen) Methoden und die
- quantitativen Methoden.

Die qualitativen oder topologischen Methoden beruhen auf dem

Studium der Differentialgleichungen, dargestellt im Phasenraum. Eine Definition eines Phasenportraits ist also eine topologische Äquivalenzklasse von Differentialgleichungen auf Mannigfaltigkeiten. Ein Hauptziel in der qualitativen Untersuchung von Differentialgleichungen ist es, Informationen über das Phasenportrait zu erhalten. Statt individueller Lösungen werden die qualitativen Eigenschaften von Familien von Lösungen betrachtet. Die Frage nach der Stabilität einer Lösung kann nur beantwortet werden, wenn man alle Lösungen berücksichtigt, deren Anfangsbedingungen in irgend einem Sinne nahe zur Anfangsbedingung der betrachteten Lösung sind. Der fundamentale Satz hierfür geht auf Ljapunov zurück. In der nichtlinearen Mechanik spielt dieser Satz eine ähnliche Rolle wie bei den linearen Systemen. Ein interessanter Gesichtspunkt dieses Satzes ist, daß in der überwiegenden Zahl der Fälle die Stabilität des nichtlinearen Systems durch das lineare System beurteilt werden kann. Die prinzipielle Grenze topologischer Methoden ist, daß sie nicht unmittelbar zu numerischen Ergebnissen führen.

Die quantitativen Methoden liefern zwar die numerischen Lösungen, die in den Ingenieurwissenschaften so wichtig sind, führen aber unvermeidlich zu einer Einengung auf eine relativ begrenzte, lokale Region des betrachteten Gebietes. Dies schränkt häufig die Betrachtung des vorliegenden Problems als Ganzes ein. Vor allem dann, wenn das System kritische Schwellwerte, Separatrizen, Verzweigungspunkte usw. hat, wo sich das qualitative Verhalten radikal ändert, werden die Nachteile der quantitativen Methoden deutlich. Die erwähnten kritischen Bedingungen treten jedoch in der nichtlinearen Mechanik ganz allgemein auf.

Deshalb werden beide Methoden benutzt, um sich gegenseitig zu ergänzen. Die topologischen Methoden erlauben eine schnelle Erforschung des gesamten Gebietes und die quantitativen Methoden führen zu numerischen Ergebnissen für einen ausgewählten Bereich.

1.3 Ziele der Arbeit

Der Schwerpunkt dieser Arbeit liegt auf der Zusammenstellung, Beschreibung und Weiterentwicklung bewährter und neuer Methoden zur numerischen Untersuchung nichtlinearer dynamischer Systeme. Natürlich stehen dabei anwendungsorientierte Methoden im Vordergrund und eine vollständige Behandlung aller bekannter Methoden zur numerischen Analyse wird nicht angestrebt. Oftmals besteht eine tiefe Kluft zwischen einer eleganten mathematischen Beschreibung einer Lösungsmethode und deren Realisierung in einem effizienten Rechenalgorithmus. Die rechnergerechte Formulierung der teilweise aufwendigen numerischen Untersuchungsmethoden ist deshalb ein wichtiges Anliegen dieser Arbeit. Die zugehörigen Programme wurden im Laufe der letzten Jahre meist im Rahmen von Studien- und Diplomarbeiten entwickelt. Die damit an einer großen Zahl von Beispielen erzielten Ergebnisse haben oft zu einem besseren Verständis klassischer Probleme der Mechanik geführt. Gemäß der Einteilung des Abschnitts 1.1 ist diese Arbeit der experimentellen Dynamik am nächsten.

Für die angewandte Mechanik sind die dissipativen Systeme von besonderer Bedeutung. Das Langzeitverhalten dissipativer Systeme ist fast immer durch das Auftreten von Attraktoren gekennzeichnet. Methoden zur Lokalisierung und Klassifizierung von Attraktoren sind deshalb von großem praktischen Interesse. Das Einschwingverhalten dissipativer nichtlinearer dynamischer Systeme spielt sich im Einzugsgebiet von Attraktoren ab. Die Bestimmung solcher Einzugsgebiete und des Zeitverhaltens innerhalb solcher Bereiche ist, vor allem im Falle koexistierender Attraktoren, eine schwierige Aufgabe. Die Zellabbildungsmethode stellt hierfür ein hervorragendes Hilfsmittel dar und wird daher ausführlich behandelt. Obwohl diese Methode für beliebige Dimensionen formuliert wird, blieben die Untersuchungen bisher auf dreidimensionale Phasenräume beschränkt. Neben den hohen Rechenzeiten ist vor allem die Schwierigkeit der graphischen Darstellung der Ergebnisse mehrdimensionaler Probleme heute noch ein Haupthindernis.

In dieser Arbeit werden nur deterministische Systeme behandelt, die jedoch oft ein sehr kompliziertes Verhalten zeigen. Heute ist kein einzelnes Verfahren bekannt, das alle Fragen, die bei der Analyse solcher Systeme aufgeworfen werden, befriedigend beantworten kann. Das komplexe Verhalten bedingt oft den Einsatz statistischer Methoden. Dabei erlaubt meist nur eine Kombination verschiedener Verfahren, unterstüzt durch topologische Betrachtungen, eine umfassende Charakterisierung und Beurteilung nichtlinearer dynamischer Systeme.

Die weitere Motivation zu dieser Arbeit ist, neben der Behandlung numerischer Untersuchungsmethoden, durch graphische Darstellungen, ein mehr globales Bild vom Lösungsverhalten dynamischer Systeme zu erhalten. Es ist natürlich schwierig, in einer relativ kurzen Arbeit, ein so umfangreiches Gebiet wie die nichtlineare Dynamik befriedigend zu behandeln. Für den Mathematiker werden die Ausführungen hinsichtlich rein mathematischer Fakten an vielen Stellen zu ungenau sein, da die Beweise von Sätzen fehlen. Manchmal sind sehr strenge Sätze und Kriterien ersetzt durch eher intuitive Definitionen und skizzenhafte Erklärungen. Nur so war es jedoch möglich, von den teilweise sehr komplizierten Methoden auf die vorliegende Form zu kommen.

Die vollständige Diskussion mancher Ergebnisse erfordert als Hilfsmittel die Topologie, die Zahlentheorie, die Analysis von Mannigfaltigkeiten und andere Zweige der reinen Mathematik. Ein Rückgriff auf diese Werkzeuge ist nicht zu umgehen, da eine Deutung komplexer Zusammenhänge oft erst damit anschaulich möglich ist. Die in dieser Arbeit verwendete Beschreibung liefert natürlich nichts Neues hinsichtlich strenger Resultate. Sie hat vielmehr zum Ziel, eine für die angewandte Dynamik nützliche Zusammenstellung numerischer Lösungsmethoden anzubieten.

1.4 Inhalt der Arbeit

Die Arbeit ist in 7 Kapitel gegliedert, die mehr oder weniger aufeinander aufbauen. Im zweiten Kapitel werden mathematische Grundlagen zusammengestellt, die in den folgenden Ausführungen immer wieder benutzt werden. Aufbauend auf einer kurzen Beschreibung linearer Systeme wird der Fluß eines dynamischen Systems erklärt. Dann wird eine Darstellung nichtlinearer Systeme angegeben, die sich in den letzten Jahren als sehr tragfähig erwiesen hat und vor allem auf differenzierbare Mannigfaltigkeiten verallgemeinert werden kann. Wesentliche Erkenntnisse der Theorie dynamischer Systeme beruhen auf diskreten Abbildungen. Deshalb werden sowohl lineare als auch nichtlineare Abbildungen eingeführt. Der Übergang von Differentialgleichungen zu Differenzengleichungen wird erläutert. Einige Ausführungen über asymptotisches Verhalten schließen diesen mathematischen Teil ab.

Kapitel 3 ist der historischen Entwicklung folgend den konservativen Systemen gewidmet. Nach einer kurzen Betrachtung Hamiltonscher Systeme wird deren kanonische Beschreibung durch Wirkungs-Winkelvariablen diskutiert. Eine kurze Behandlung der kanonischen Störungstheorie soll helfen, die Schwierigkeiten zu erkennen, die beim Versuch des Beweises der Stabilität von Mehrkörperproblemen auftreten. Ein Beispiel verdeutlicht die Schwierigkeiten bei der Beschreibung konservativer nichtlinearer dynamischer Systeme durch analytische Näherungen.

Während sich die klassische Dynamik vorwiegend mit Problemen der Himmelsmechanik auseinandersetzte, und deshalb viele der bedeutendsten Resultate auf die Untersuchung konservativer Systeme zurückgehen, sind für die angewandte Dynamik die nichtkonservativen oder dissipativen Systeme von größerer Bedeutung. Im vierten Kapitel wird zunächst eine Definition von Attraktoren angegeben, die sich für die Belange der Ingenieurwissenschaften bewährt hat. Dann werden Kenngrößen eingeführt, die zur Klassifizierung von Attraktoren hilfreich sind.

Im Kapitel 5 werden dann fundamentale Untersuchungsmethoden nichtlinearer dynamischer Systeme behandelt. Neben der Störungsrechnung und den Mittelungsmethoden werden zunächst die Punktabbildung und das Leistungsspektrum als Untersuchungsmethoden beschrieben. Heute sind vor allem auch die statistischen Methoden von großer Bedeutung. Die bereits im vorhergehenden Kapitel eingeführten Ljapunov-Exponenten bieten die Möglichkeit, Aussagen über den Informationsgehalt des momentanen Systemzustandes und die Entropie zu gewinnen. Die Dimension erlaubt darüber hinaus die Quantifizierung der Zahl der zur Beschreibung des Systemzustandes notwendigen Größen. Die behandelten Methoden liefern auch Aussagen über das Langzeitverhalten, d.h. über Stabilität und asymptotisches Verhalten.

Das sechste Kapitel ist der Zellabbildungsmethode gewidmet. Nach einer kurzen Motivation und Begründung der Methode wird die Diskretisierung des Zustandsraumes erläutert. Nach der Beschreibung der Methode der einfachen Zellabbildung wird die allgemeine Zellabbildung eingeführt. Die mathematische Beschreibung stützt sich auf die Theorie der Markov-Ketten. Da die Zellabbildungsmethode für die numerische Untersuchung dynamischer Systeme konzipiert ist, befaßt sich ein großer Teil dieses Kapitels mit einer algorithmisierbaren Beschreibung der theoretischen Grundlagen. Es zeigt sich, daß aufgrund der großen Zahl von Zuständen der aus der Zellabbildungsmethode resultierenden Markov-Ketten nur iterative Lösungsmethoden wirtschaftlich vertretbar sind.

Die Modellgleichungen der Beispiele, die in den Kapiteln 3 bis 6 behandelt werden, sind einfach, deren Lösung und vor allem auch deren Langzeitverhalten ist jedoch keineswegs trivial.

Im siebten Kapitel werden die Ergebnisse der Arbeit nochmals abschließend diskutiert.

2 Mathematische Grundlagen

In diesem Kapitel werden grundlegende Resultate aus der Theorie dynamischer Systeme zusammengestellt und erläutert, die für die vorliegende Arbeit von Bedeutung sind. Dabei spielen vor allem auch geometrische Aspekte eine Rolle. Einige Sätze über Fixpunkte, Phasenkurven, sowie zur Existenz und Eindeutigkeit von Lösungen werden angegeben. Stabilitätsfragen sind bei jeder Untersuchung dynamischer Systeme von besonderer Bedeutung und werden ebenfalls diskutiert. Außerdem werden auch differenzierbare Mannigfaltigkeiten betrachtet, da sie eine globale Beschreibung dynamischer Systeme erlauben.

Die Ausführungen stützen sich auf Guckenheimer und Holmes [1983]. Auf Beweise der aufgeführten Sätze wird verzichtet; sie können an anderen Stellen nachgelesen werden, z. B. Arnold [1980], Hirsch und Smale [1974] und Kirchgässner [1982]. Für eine ausführliche Darstellung differential-topologischer Aspekte wird auf Chillingworth [1976] verwiesen. Weitere Ergebnisse aus der Theorie dynamischer Systeme werden in den folgenden Kapiteln angegeben, wenn sie dort von unmittelbarem Interesse sind.

2.1 Grundbegriffe

Die Dynamik befaßt sich mit der Entwicklung von Systemen, d.h. deren Zustandsänderung in Abhängigkeit von der Zeit. Ein kontinuierliches dynamisches System wird durch ein gewöhnliches Differentialgleichungssystem

$$\dot{\mathbf{x}} = \mathbf{f}(\mathbf{x}) \tag{2.1}$$

repräsentiert, wobei $\mathbf{x}: t \rightarrow \mathbf{x} \in \mathbf{R}^N$ eine vektorwertige Funktion mit der Zeit als unabhängiger Variablen ist, die den Zustand des Systems beschreibt, und $\mathbf{f}$ eine auf dem euklidischen Raum $\mathbf{R}^N$ oder einem offenen Unterraum $U \subset \mathbf{R}^N$ definierte glatte Funktion der Klasse C^1 darstellt, d.h., daß sie mindestens einmal stetig differenzierbar ist.

Tritt die Zeit t wie in der Gleichung (2.1) nicht explizit auf, nennt man das System autonom. Ein System heißt determiniert oder deterministisch, wenn sein gesamter Ablauf in Vergangenheit und Zukunft eindeutig bestimmt ist, d.h. das Kausalitätsprinzip erfüllt ist. Die Menge aller Zustände bildet den endlichdimensionalen Phasen- oder Zustandsraum. Ein System heißt differenzierbar, wenn sein Phasenraum mit der Struktur einer differenzierbaren Mannigfaltigkeit versehen ist und die Änderung des Zustandes in Abhängigkeit von der Zeit durch differenzierbare Funktionen beschrieben werden kann.

Viele grundlegende Ideen der globalen Analyse dynamischer Systeme beruhen auf differential-topologischen Betrachtungen. Daher ist das allgemeinere Konzept von dynamischen Systemen als Fluß auf differenzierbaren Mannigfaltigkeiten M, die aus Vektorfeldern hervorgehen, für das qualitative Studium dynamischer Systeme von so großer Bedeutung.

Das anschauliche Bild einer glatten Fläche wird analytisch in dem Begriff einer Mannigfaltigkeit erfaßt. Im Kleinen sieht sie aus wie ein euklidischer Raum, so daß infinitesimale Operationen wie Differenzieren darauf erklärt werden können. Der Begriff der Mannigfaltigkeiten in der Mechanik bietet die Möglichkeit einer anschaulichen geometrischen Betrachtung globaler Zusammenhänge.

Beispiele für differenzierbare Mannigfaltigkeiten sind der lineare Raum $\mathbf{R}^N$ oder eine beliebige offene Teilmenge U des $\mathbf{R}^N$, die Kreislinie, die Sphären und der Torus.

In dieser Arbeit werden ausschließlich Systeme untersucht, die deterministisch, endlichdimensional und differenzierbar sind, die aber trotzdem sehr kompliziertes Verhalten zeigen können.

Das Vektorfeld f von (2.1) bewirkt einen Fluß $\varphi_t: U \to \mathbf{R}^N$, wobei $\varphi_t(\mathbf{x}) = \varphi(\mathbf{x},t)$ eine glatte Funktion ist, die für alle $\mathbf{x}$ in U und t aus einem Intervall $I = (a,b) \subseteq \mathbf{R}$ definiert ist. Die Funktion φ befriedigt (2.1), d.h.

$$\frac{d}{dt}(\varphi(\mathbf{x},t))|_{t=\tau} = \mathbf{f}(\varphi(\mathbf{x},\tau)) \tag{2.2}$$

für alle $\mathbf{x} \in U$ und $\tau \in I$. Man nennt φ_t auch Abbildung nach der Zeit t; sie führt jeden Zustand $\mathbf{x} \in U$ in einen neuen Zustand $\varphi_t(\mathbf{x}) \in U$ über.

Für φ_t gelten die Gruppeneigenschaften (i) φ_0 ist die Identitiät und (ii) $\varphi_{t+s} = \varphi_t \circ \varphi_s$ für alle t,s aus I.

Hält man nun den Anfangspunkt

$$\mathbf{x}(0) = \mathbf{x}_0 \in \mathbf{U} \tag{2.3}$$

fest und sucht eine Lösung $\varphi(\mathbf{x}_0,t)$, für die gilt

$$\varphi(\mathbf{x}_0,0) = \mathbf{x}_0 \quad , \tag{2.4}$$

dann bewirkt der Fluß entsprechend $\varphi(\mathbf{x}_0,t): I \to \mathbf{R}^N$ eine Lösungskurve - auch Phasenkurve, Trajektorie oder Orbit genannt - der Differentialgleichung (2.1). Ist ein Fluß auf einer Mannigfaltigkeit gegeben, so geht durch jeden Punkt der Mannigfaltigkeit genau eine Phasenkurve. Das Vektorfeld $\mathbf{f}(\mathbf{x})$ eines autonomen Systems (2.1) ist invariant gegenüber Zeitverschiebungen. Deshalb können Lösungen, die zum Zeitpunkt $t_0 \neq 0$ beginnen immer zu $t_0 = 0$ verschoben werden. Oft werden die Lösungen $\varphi(\mathbf{x}_0,t)$ auch $\mathbf{x}(\mathbf{x}_0,t)$ oder einfach $\mathbf{x}(t)$ geschrieben. Das Problem, die Lösung $\mathbf{x}(t)$ von (2.1) zu suchen, die der Anfangsbedingung $\mathbf{x}(t_0) = \mathbf{x}_0$ genügt, bezeichnet man vielfach auch als Anfangswertproblem.

Während in der klassischen Theorie dynamischer Systeme die Untersuchung einzelner Lösungskurven und deren Eigenschaften im Vordergrund steht, wird hier der Schwerpunkt mehr auf der Untersuchung des Verhaltens ganzer Familien von Lösungen liegen. Eine Familie $\{\varphi_t\}$ von Lösungen, die von den mit Hilfe der Menge aller reeller Zahlen $t \in \mathbf{R}$ indizierten Abbildungen von U gebildet wird, bezeichnet man als Gruppe von Transformationen. Damit kann das globale Verhalten des Flusses $\varphi_t : U \to \mathbf{R}^N$ aller Punkte $\mathbf{x} \in U$ betrachtet werden, Bild 2.1.

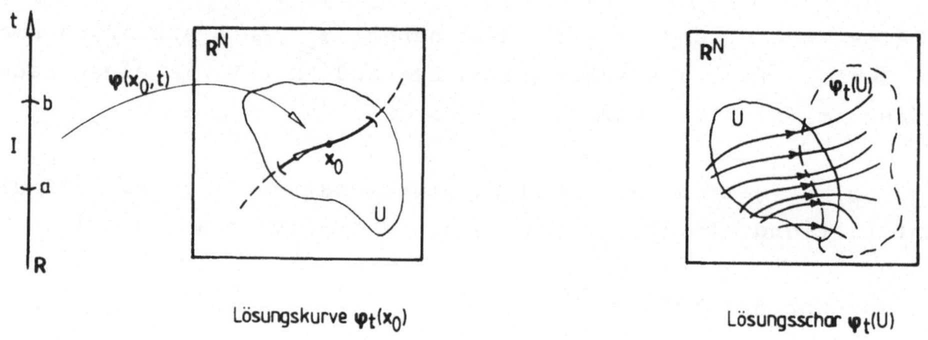

Bild 2.1. Lösungskurve und Lösungsschar unter der Wirkung des Flusses φ_t

Es sei $\mathbf{f} : U \to \mathbf{R}^N$ eine r-mal stetig differenzierbare Funktion (Funktion der Klasse C^r), die in einem Gebiet U des $\mathbf{R}^N$ gegeben ist. Eine durch differenzierbare Funktionen $y_i = f_i(x_1,...,x_N)$ gegebene Abbildung $\mathbf{f}: U \to V$ wird differenzierbare Abbildung eines Gebietes U des N-dimensionalen euklidischen Raumes $\mathbf{R}^N$ mit den Koordinaten $x_1,...,x_N$ in das Gebiet V des M-dimensionalen euklidischen Raumes mit den Koordinaten $y_1,...,y_M$ genannt.

Eine bijektive Abbildung $\mathbf{f}: U \to V$, die nebst ihrer Inversen $\mathbf{f}^{-1}: V \to U$ differenzierbar ist, heißt Diffeomorphismus.

Die Phasengeschwindigkeit des Flusses φ_t im Punkt $\mathbf{x}$ der Mannigfaltigkeit M, $\mathbf{x} \in M$, wird durch den Geschwindigkeitsvektor für die Bewegung des Phasenpunktes festgelegt:

$$\dot{\mathbf{x}} \equiv \frac{d}{dt} (\varphi_t(\mathbf{x})) = \mathbf{v}(\mathbf{x}) \quad . \tag{2.5}$$

Der Geschwindigkeitsvektor entspricht also der Funktion $\mathbf{f}$ von (2.1).

Bei der Untersuchung dynamischer Systeme ist die Wahl von Koordinatensystemen von grundlegender Bedeutung. Darum ist zu klären, wie sich die Gestalt einer Differentialgleichung bei einer differenzierbaren Abbildung ändert. Dazu wird ein linearer Raum, wo die Elemente Vektoren sind, definiert. Ein linearer Raum, dessen Elemente alle Tangentialvektoren an den Punkt $\mathbf{x} \in M$ sind, heißt Tangentialraum an M im Punkt $\mathbf{x}$ und wird mit $T_{\mathbf{x}}M$ bezeichnet. Der beherrschende Begriff der lokalen Theorie ist der des Tangentialraumes in einem Punkt $\mathbf{x} \in M$ einer Mannigfaltigkeit. Der Tangentialraum hat dieselbe Dimension wie die Mannigfaltigkeit. Der Tangentialraum für einen Punkt auf einer Kugel ist die Tangentialebene.

In den meisten Fällen, in denen Phasenräume als Mannigfaltigkeiten auftreten, wird ein globales Koordinatensystem vorausgesetzt, und man kann deshalb im wesentlichen mit einem Raum arbeiten, z. B. im $\mathbf{R}^N$ modulo einer geeigneten Identifizierung wie im Falle des Torus $T^2 = S^1 \times S^1$ und dem Zylinder $S^1 \times \mathbf{R}$. Solche Fälle werden dann auftreten, wenn das Vektorfeld $\mathbf{f}$ periodisch in t ist.

Von besonderer Bedeutung bei der Diskussion von Lösungen sind Untermannigfaltigkeiten wie die stabilen und instabilen Mannigfaltigkeiten. Dabei werden Kopien des reellen euklidischen Raumes benutzt, die lokal durch Graphen definiert werden.

Denjenigen Phasenpunkt $\bar{\mathbf{x}} \in M$, der gleichzeitig Phasenkurve ist, d.h. für den

$$\varphi_t(\bar{\mathbf{x}}) = \bar{\mathbf{x}} \quad , \quad \forall\ t \in \mathbf{R} \quad , \tag{2.6}$$

gilt, nennt man Gleichgewichtslage oder Fixpunkt des Flusses. Fixpunkte sind andererseits durch das Verschwinden des Vektorfeldes definiert, $\mathbf{f}(\bar{\mathbf{x}}) = \mathbf{0}$, d.h. der Geschwindigkeitsvektor an der Stelle $\bar{\mathbf{x}}$ ist der Nullvektor. Man nennt deshalb Fixpunkte auch singuläre Punkte.

Ein Fixpunkt $\bar{\mathbf{x}}$ heißt stabil im Sinne von Ljapunov, wenn eine Lösung $\mathbf{x}(t)$ für alle Zeiten t in der Nähe von $\bar{\mathbf{x}}$ bleibt. Genauer bedeutet dies, daß es für jede Umgebung V von $\bar{\mathbf{x}}$ in U eine Umgebung $V_1 \subset V$ gibt, so daß jede Lösung $\mathbf{x}(\mathbf{x}_0,t)$ mit $\mathbf{x}_0 \in V_1$ für $t > 0$ in V bleibt. Kann zusätzlich V_1 so gewählt werden, daß $\mathbf{x}(t) \to \bar{\mathbf{x}}$ mit $t \to \infty$ gilt, dann ist $\bar{\mathbf{x}}$ asymptotisch stabil.

Stabile Fixpunkte werden durch Wirbel, asymptotisch stabile Fixpunkte werden z. B. durch stabile Strudel oder stabile Knoten repräsentiert. Ein Fixpunkt wird instabil genannt, wenn er nicht stabil ist; Sattelpunkte, instabile Knoten und instabile Strudel sind Beispiele dafür.

Die o.g. Stabilitätsdefinitionen sind lokaler Natur, da nur das Verhalten der Lösungen nahe der Fixpunkte $\bar{\mathbf{x}}$ betrachtet wird. Da in Anwendungen der Zustand eines dynamischen Systems nie exakt, sondern nur näherungsweise bekannt ist, muß ein Fixpunkt mindestens stabil sein, um praktisch von Bedeutung zu sein.

Die Gleichgewichtslage eines Systems (2.1) ist global asymptotisch stabil, wenn sie asymptotisch stabil ist und jede Trajektorie $\mathbf{x}(t) \to \bar{\mathbf{x}},\ t \to \infty$, erfüllt. Ist globale asymptotische Stabilität gegeben, dann bezeichnet man das System (2.1) als asymptotisch stabil, siehe auch Müller [1977].

Liegt die Lösung des Systems (2.1) in analytischer Form vor, dann können die Stabilitätseigenschaften entsprechend den Definitionen überprüft werden. Im allgemeinen ist jedoch eine solche Lösung nicht möglich. Es ist deshalb notwendig, das Stabilitätsverhalten unabhängig von analytischen Lösungen festzustellen. Mit Ljapunov-Funktionen ist eine solche Untersuchung möglich. Diese auch als direkte Methode von Ljapunov bezeichnete Vorgehensweise ist eine Verallgemeinerung von Energiebetrachtungen mechanischer Systeme. Damit kann die Stabilität von Gleichgewichtslagen ohne Lösung der Differentialgleichung geprüft werden. Ein Problem bei der Anwendung der direkten Methode besteht darin, geeignete Ljapunov-Funktionen zu finden, da es dafür keine allgemeinen Konstruktionsprinzipien gibt, Knobloch und Kappel [1974].

Mit dem Graphen der Abbildung φ_t sind die Begriffe des erweiterten Phasenraumes und der Integralkurven verknüpft. Das direkte Produkt $\mathbf{R} \times M$ der reellen t-Achse mit dem Phasenraum M nennt man den erweiterten Phasenraum des Flusses φ_t. Der Graph der Bewegung $\varphi_t(\mathbf{x})$ ist die Integralkurve des Flusses. Die Vektoren $\mathbf{v}$ von (2.5) definieren im erweiterten Phasenraum ein Richtungsfeld. Eine Integralkurve tangiert in jedem ihrer Punkte das Richtungsfeld $\mathbf{v}$. Die Richtungselemente eines Richtungsfeldes haben bei autonomen Systemen für $\mathbf{x} = \text{const}$ stets die gleiche Steigung.

Von besonderer Bedeutung bei Stabilitätsbetrachtungen im Kleinen ist natürlich der Satz über die lokale Existenz und Eindeutigkeit von Lösungen.

<u>Satz 2.1:</u> Es sei $U \subset \mathbf{R}^N$ ein offener Unterraum des reellen euklidischen Raumes (oder eine differenzierbare Mannigfaltigkeit), und $\mathbf{f} : U \to \mathbf{R}^N$ eine stetig differenzierbare Abbildung der Klasse C^1 sowie $\mathbf{x}_0 \in U$. Dann gibt es eine Konstante $c > 0$ und eine eindeutige Lösung $\varphi(\mathbf{x}_0, t) : (-c, c) \to U$, die die Differentialgleichung $\dot{\mathbf{x}} = \mathbf{f}(\mathbf{x})$ mit der Anfangsbedingung $\mathbf{x}(0)$

$= \mathbf{x}_0$ befriedigt.

Dabei muß $\mathbf{f}$ nur lokal Lipschitz-stetig sein, d.h. $|\mathbf{f}(\mathbf{y})-\mathbf{f}(\mathbf{x})| \leqslant K|\mathbf{x}-\mathbf{y}|$ für die Lipschitzkonstante $K < \infty$. Damit ist man in der Lage, auch stückweise lineare Funktionen zu behandeln, die in der Praxis sehr häufig auftreten.

Der Satz 2.1 ist global gültig, wenn kompakte Mannigfaltigkeiten M statt offener Räume wie der $\mathbf{R}^N$ betrachtet werden:

Satz 2.2: Die Differentialgleichung $\dot{\mathbf{x}} = \mathbf{f}(\mathbf{x})$, $\mathbf{x} \in M$, wo M kompakt und $\mathbf{f} \in C^1$ ist, hat Lösungskurven, die für alle $t \in \mathbf{R}$ definiert sind.

Damit sind Flüsse auf Sphären und Tori global definiert, da es nicht möglich ist, daß die Lösungen solche kompakte Mannigfaltigkeiten verlassen.

Der Satz 2.1 kann erweitert werden um die stetige Abhängigkeit der Lösungen von Anfangswerten aufzuzeigen:

Satz 2.3: Es sei $U \subset \mathbf{R}^N$ eine offene Teilmenge, $\mathbf{f} : U \to \mathbf{R}^N$ genüge einer Lipschitzbedingung mit der Konstanten K. Sind $\mathbf{y}(t)$ und $\mathbf{z}(t)$ Lösungen von $\dot{\mathbf{x}} = \mathbf{f}(\mathbf{x})$ auf dem abgeschlossenen Intervall $[t_0, t_1]$, dann gilt für alle $t \in [t_0, t_1]$

$$|\mathbf{y}(t) - \mathbf{z}(t)| \leqslant |\mathbf{y}(t_0) - \mathbf{z}(t_0)|\; e^{K(t-t_0)} \quad . \qquad (2.7)$$

Die stetige Abhängigkeit der Lösungen schließt jedoch nicht die exponentielle Divergenz von Trajektorien aus, wie sie nahe Sattelpunkten, Bild 2.2, beobachtet wird.

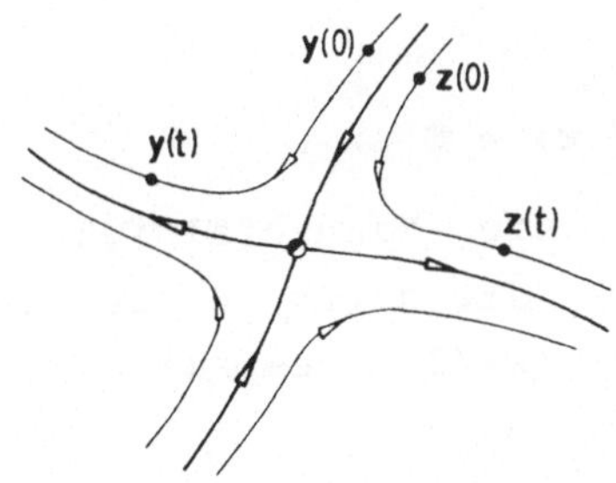

Bild 2.2. Exponentielle Divergenz von Nachbartrajektorien nahe eines Sattelpunktes

Es sei f eine differenzierbare Abbildung des Gebietes U des $(N+1)$-dimensionalen euklidischen Raumes mit den Koordinaten $t, x_1, \ldots, x_N$ in einen N-dimensionalen euklidischen Raum mit den Koordinaten $f_1, \ldots, f_N$. Dann definiert diese Abbildung ein von der Zeit abhängiges Vektorfeld und eine nichtautonome Differentialgleichung

$$\dot{\mathbf{x}} = \mathbf{f}(\mathbf{x}, t) \quad . \tag{2.8}$$

Dynamische Systeme, die durch eine Gleichung der Form (2.8) beschrieben werden, nennt man nichtautonom.

Die Lösung eines nichtautonomen Systems läßt sich im erweiterten Phasenraum $U \subset \mathbf{R} \times \mathbf{R}^N$ bequem geometrisch darstellen. Eine Lösung φ_t genügt der Anfangsbedingung $\varphi_t(\mathbf{x}_0, t_0) = \mathbf{x}_0$, wenn der Punkt t_0 zum Intervall I und der Punkt $(\mathbf{x}_0, t_0)$ zu U gehört und ferner der Wert φ_t für t_0 gleich $\mathbf{x}_0$ ist. Der Unterschied zum autonomen Fall ist nur, daß die Richtungselemente im erweiterten Phasenraum auch für gleiche $\mathbf{x}$ i.a. verschiedene Steigungen haben.

Ein Spezialfall nichtautonomer Systeme sind die periodisch erregten Systeme, für die $\mathbf{f}(t) = \mathbf{f}(t+T)$ mit der Periode T gilt. Solche Systeme können wie autonome Systeme behandelt werden, wenn die Dimension des Zustandsraumes durch Hinzunahme der Zeit als explizite Zustandsvariable um eins erhöht wird:

$$\dot{\mathbf{x}} = \mathbf{f}(\mathbf{x},\theta) \quad ,$$
$$\dot{\theta} = 1 \quad , \qquad (\theta,\mathbf{x}) \in S^1 \times \mathbf{R}^N \quad . \tag{2.9}$$

Der Phasenraum ist die Mannigfaltigkeit $S^1 \times \mathbf{R}^N$, wobei der Kreis $S^1 = \mathbf{R}(\mathrm{mod}\ T)$ die durch Einführung der dimensionslosen Zeit $\theta = \omega t$, $\omega = 2\pi/T$, bestimmte Periodizität des Vektorfeldes $\mathbf{f}$ wiedergibt.

2.2 Lineare Systeme

Die Theorie linearer Systeme ist nützlich, um nichtlineare Probleme in erster Näherung lösen zu können. Damit ist die Untersuchung der Stabilität von Gleichgewichtslagen und die topologische Klassifizierung singulärer Punkte unter sehr allgemeinen Voraussetzungen möglich.

Die Entwicklung des Vektorfeldes (2.1) in der Umgebung eines singulären Punktes $\mathbf{x}_0$ in eine Taylorreihe und die Berücksichtigung nur des ersten Gliedes führt auf das lineare System

$$\dot{\mathbf{x}} = \mathbf{A}\,\mathbf{x} \quad , \quad \mathbf{x} \in \mathbf{R}^N \quad , \tag{2.10}$$

wobei $\mathbf{A}$ eine (NxN)-Matrix mit konstanten Koeffizienten ist, die auch linearer Operator $\mathbf{A} : \mathbf{R}^N \to \mathbf{R}^N$ auf einem reellen N-dimensionalen Raum $\mathbf{R}^N$ genannt wird.

Unter einer Lösung von (2.10) versteht man eine vektorwertige Funktion $\mathbf{x}(\mathbf{x}_0,t)$, die von der Zeit t und der Anfangsbedingung

$$\mathbf{x}(0) = \mathbf{x}_0 \tag{2.11}$$

abhängt. Damit ist $\mathbf{x}(\mathbf{x}_0,t)$ Lösung des Anfangswertproblems (2.10), (2.11). In der allgemeinen Formulierung mit dem Fluß $\boldsymbol{\varphi}_t$ gilt, $\mathbf{x}(\mathbf{x}_0,t) \equiv \boldsymbol{\varphi}_t(\mathbf{x}_0)$. Satz 2.3 garantiert, daß die Lösung $\mathbf{x}(\mathbf{x}_0,t)$ des linearen Systems für alle $t \in \mathbf{R}$ und $\mathbf{x}_0 \in \mathbf{R}^N$ definiert ist. Es ist jedoch zu beachten, daß die globale Existenz für nichtlineare Systeme dadurch i.a. nicht gesichert ist.

Diejenige Lösung von (2.10), die der Anfangsbedingung (2.11) genügt, lautet

$$\mathbf{x}(\mathbf{x}_0,t) = e^{\mathbf{A}t}\,\mathbf{x}_0 \quad , \tag{2.12}$$

mit der (NxN)-Matrix $e^{\mathbf{A}t}$, die durch die gleichmäßig konvergente Reihe

$$e^{\mathbf{A}t} = [\mathbf{I} + \mathbf{A}t + \mathbf{A}^2\,\frac{t^2}{2!} + \ldots] \tag{2.13}$$

definiert ist.

Eine allgemeine Lösung von (2.10) kann durch lineare Superposition von N linear unabhängigen Lösungen $\{\mathbf{x}^1(t),\ldots,\mathbf{x}^N(t)\}$ bestimmt werden,

$$\mathbf{x}(t) = \sum_{j=1}^{N} c_j\,\mathbf{x}^j(t) \quad , \tag{2.14}$$

wobei die N Konstanten c_j durch die Anfangsbedingungen festgelegt sind. Hat $\mathbf{A}$ N linear unabhängige Eigenvektoren $\mathbf{v}^j$, $j=1,\ldots,N$, dann kann

$$\mathbf{x}^j(t) = e^{\lambda_j t}\,\mathbf{v}^j \tag{2.15}$$

als Basis des Lösungsraums gewählt werden, wobei λ_j der zu $\mathbf{v}^j$ gehörende Eigenwert ist. Im Fall einfacher, konjugiert komplexer Eigenwerte wird die Basis durch konjugiert komplexe Eigenvektoren gebildet. Treten mehrfache Eigenwerte auf, dann wird der Lösungsraum durch Eigen- und Hauptvektoren aufgebaut, z. B. Stoer und Bulirsch [1978].

2.3 Invariante Unterräume

Die Matrix $e^{\mathbf{A}t}$ kann als Abbildung des $\mathbf{R}^N$ auf den $\mathbf{R}^N$ angesehen werden, wobei für die Anfangsbedingung $\mathbf{x}_0$ in $\mathbf{R}^N$ durch

$\mathbf{x}(\mathbf{x}_0,t) = e^{\mathbf{A}t}\,\mathbf{x}_0$ der Punkt zur Zeit t bestimmt wird. Der Operator $e^{\mathbf{A}t}$ enthält die globale Information aller Lösungen von (2.10), da (2.12) für alle Punkte $\mathbf{x}_0 \in \mathbf{R}^N$ gilt. Analog zum Abschnitt 2.1 definiert $e^{\mathbf{A}t}$ einen Fluß auf dem $\mathbf{R}^N$: $\varphi_t(\mathbf{x}) = e^{\mathbf{A}t}\,\mathbf{x}$.

Der durch $e^{\mathbf{A}t} : \mathbf{R}^N \to \mathbf{R}^N$ definierte Fluß beschreibt also eine Lösungsmenge, wo gewisse Lösungen eine besondere Rolle spielen. Das sind jene Lösungen, die in den von den Eigenvektoren aufgespannten linearen Unterräumen liegen. Diese Unterräume sind invariant unter $e^{\mathbf{A}t}$, d.h. eine Lösung, die darauf startet, bleibt für alle Zeiten dort.

Bezeichnet man die Eigenvektoren zu den Eigenwerten mit negativem Realteil mit $\mathbf{v}^1,\ldots,\mathbf{v}^{n_-}$, die mit positivem Realteil mit $\mathbf{u}^1,\ldots,\mathbf{u}^{n_+}$ und die mit verschwindendem Realteil mit $\mathbf{w}^1,\ldots,\mathbf{w}^{n_o}$, dann kann folgende Aufteilung der Unterräume vorgenommen werden:

- stabiler Unterraum : $E^- = \text{span}\,\{\mathbf{v}^1,\ldots,\mathbf{v}^{n_-}\}$,
- instabiler Unterraum : $E^+ = \text{span}\,\{\mathbf{u}^1,\ldots,\mathbf{u}^{n_+}\}$,
- Zentrumsunterraum : $E^o = \text{span}\,\{\mathbf{w}^1,\ldots,\mathbf{w}^{n_o}\}$.

Natürlich muß gelten $n_- + n_+ + n_o = N$. Die Bezeichnungen E^-, E^+ und E^o charakterisieren das exponentielle Abklingen, exponentielle Aufschaukeln und das neutrale Verhalten auf den entsprechenden Unterräumen. Gilt $n_o = 0$, dann wird die Gleichgewichtslage hyperbolisch, sonst elliptisch genannt. Eine ausführliche Diskussion des durch $e^{\mathbf{A}t}$ bewirkten Flusses sowie eine Klassifizierung zwei- und dreidimensionaler linearer Systeme ist in Arnold [1980] und Hirsch und Smale [1974] zu finden.

Der Zentrumsunterraum E^o führt bei nichtlinearen Systemen auf die Zentrumsmannigfaltigkeit. Dieses bedeutende Konzept in der Theorie von dynamischen Systemen wird jedoch im Rahmen dieser

Arbeit nicht näher behandelt. Für eine weitergehende Diskussion wird z.B. auf Aulbach [1984], Carr [1981] und Kirchgässner [1982] verwiesen.

2.4 Nichtlineare Systeme

Allgemeine Lösungen für nichtlineare Systeme können nicht angegeben werden. Der Satz 2.1 besagt jedoch, daß das Anfangswertproblem

$$\dot{\mathbf{x}} = \mathbf{f}(\mathbf{x}) \quad , \quad \mathbf{x}(0) = \mathbf{x}_0 \quad , \quad \mathbf{x} \in \mathbf{R}^N \quad , \tag{2.16}$$

eine Lösung mindestens in einer Umgebung $t \in (-c,c)$ von $t = 0$ garantiert. Damit ist zwar ein lokaler Fluß $\varphi_t : \mathbf{R}^N \to \mathbf{R}^N$ mit $\varphi_t(\mathbf{x}_0) = \mathbf{x}(\mathbf{x}_0,t)$ analog zum linearen Fall definiert, es kann aber keine allgemeine Berechnungsvorschrift wie $e^{\mathbf{A}t}$ angegeben werden.

2.4.1 Singuläre Punkte

Der Beginn einer Untersuchung nichtlinearer Systeme wird i.a. das Aufsuchen singulärer Punkte $\bar{\mathbf{x}}$ und die Charakterisierung des Verhaltens der Lösungen nahe $\bar{\mathbf{x}}$ sein. Dazu wird (2.16) in der Umgebung $\bar{\mathbf{x}}$ linearisiert und man erhält gemäß (2.10) das linearisierte System

$$\dot{\xi} = \mathbf{Df}(\bar{\mathbf{x}})\xi \quad , \quad \xi \in \mathbf{R}^N \quad , \tag{2.17}$$

mit $\mathbf{Df} = [\partial f_i/\partial x_i]$ als der Jacobimatrix der ersten partiellen Ableitung der Funktion $\mathbf{f}$ und $\mathbf{x} = \bar{\mathbf{x}} + \xi$, $|\xi| \ll 1$. Der lineare Fluß $\mathbf{D}\varphi_t(\bar{\mathbf{x}})\xi$ von (2.16) am Fixpunkt $\bar{\mathbf{x}}$ folgt aus (2.17) durch Integration:

$$\mathbf{D}\varphi_t(\bar{\mathbf{x}})\xi = e^{\mathbf{Df}(\bar{\mathbf{x}})t}\xi \quad . \tag{2.18}$$

Welche Aussage über die Lösung von (2.16) aufgrund von (2.17) gemacht werden kann, wird im folgenden durch zwei fundamentale Sätze aus der Theorie dynamischer Systeme gezeigt.

Satz 2.4 (Hartman-Grobman): Falls $Df(\bar{x})$ keine verschwindenden oder rein imaginären Eigenwerte hat, kann ein Homöomorphismus **h** in einer Umgebung U von $\bar{\mathbf{x}}$ in $\mathbf{R}^N$ definiert werden, der lokal Orbits des nichtlinearen Flusses φ_t von (2.16) auf den linearen Fluß $e^{Df(\bar{x})t}\xi$ von (2.17) überführt. Der Homöomorphismus bewahrt die Richtung der Orbits.

Anmerkung: Ein Homöomorphismus ist eine bijektive, d.h. umkehrbar eindeutige Abbildung.

Der Satz besagt, daß sich eine Umgebung U des singulären Punktes $\bar{\mathbf{x}}$ stetig verformen läßt, so daß die Lösungen von (2.16) gerade den Lösungen der linearisierten Gleichung (2.17) in der Nähe des singulären Punktes $\xi = 0$ entsprechen.

Hat $Df(\bar{\mathbf{x}})$ keinen Eigenwert mit verschwindendem Realteil, dann wird $\bar{\mathbf{x}}$ als hyperbolischer oder nichtdegenerierter Fixpunkt bezeichnet. Das asymptotische Verhalten der Lösungen des nichtlinearen dynamischen Systems wird damit durch (2.17) bestimmt. Treten jedoch Eigenwerte mit verschwindendem Realteil auf, so nennt man den Fixpunkt elliptisch oder degeneriert. Dann sind weitere Untersuchungen zur Beurteilung der Stabilität nötig.

Zur Vorbereitung auf den nächsten Satz sind einige Definitionen nützlich. Die lokale stabile und instabile Mannigfaltigkeit in der Umgebung $U \subset \mathbf{R}^N$ von $\bar{\mathbf{x}}$ wird wie folgt definiert:

$$\begin{aligned} W^-_{lok}(\bar{\mathbf{x}}) &= \{\mathbf{x} \in U \,|\, \varphi_t(\mathbf{x}) \to \bar{\mathbf{x}} \quad \text{mit } t \to \infty \\ &\qquad \text{und } \varphi_t(\mathbf{x}) \in U \,,\ \forall\, t \geq 0\} \,, \\ W^+_{lok}(\bar{\mathbf{x}}) &= \{\mathbf{x} \in U \,|\, \varphi_t(\mathbf{x}) \to \bar{\mathbf{x}} \quad \text{mit } t \to -\infty \\ &\qquad \text{und } \varphi_t(\mathbf{x}) \in U \,,\ \forall\, t \leq 0\} \,. \end{aligned} \tag{2.19}$$

Die invarianten Mannigfaltigkeiten W^-_{lok} und W^+_{lok} bilden das Analogon zu den linearen Unterräumen E^- und E^+ von (2.17), wie der folgende Satz zeigt:

<u>Satz 2.5:</u> Es sei $\bar{\mathbf{x}}$ ein hyperbolischer Fixpunkt von $\dot{\mathbf{x}} = \mathbf{f}(\mathbf{x})$. Dann existieren lokale stabile und instabile Mannigfaltigkeiten $W^-_{lok}(\bar{\mathbf{x}})$, $W^+_{lok}(\bar{\mathbf{x}})$ der gleichen Dimension n_- ,n_+ wie die der Eigenräume E^- , E^+ des linearisierten Systems (2.17). Die $W^-_{lok}(\bar{\mathbf{x}})$, $W^+_{lok}(\bar{\mathbf{x}})$ sind so glatt wie die Funktion $\mathbf{f}$ und sind in $\bar{\mathbf{x}}$ tangential zu E^- , E^+ .

Die lokalen invarianten Mannigfaltigkeiten W^-_{lok} , W^+_{lok} können ins Globale fortgesetzt werden. Dies führt auf

$$\begin{aligned} W^-(\bar{\mathbf{x}}) &= \bigcup_{t\leq 0} \varphi_t(W^-_{lok}(\bar{\mathbf{x}})) \quad , \\ W^+(\bar{\mathbf{x}}) &= \bigcup_{t\geq 0} \varphi_t(W^+_{lok}(\bar{\mathbf{x}})) \quad . \end{aligned} \tag{2.20}$$

Die Existenz und Eindeutigkeit der Lösungen (2.16) stellt sicher, daß sich weder zwei stabile (oder instabile) Mannigfaltigkeiten verschiedener Fixpunkte noch die eines einzelnen Fixpunktes schneiden können. Später wird jedoch gezeigt, daß sich stabile und instabile Mannigfaltigkeiten von Punktabbildungen schneiden können und dadurch das komplexe Verhalten verursachen, das in nichtlinearen dynamischen Systemen beobachtet werden kann.

2.4.2 Klassifizierung von singulären Punkten

Sehr schöne Darstellungen der Verhältnisse nichtlinearer dynamischer Systeme in der Umgebung singulärer Punkte sind in Abraham und Shaw [1982] für zwei- und dreidimensionale Phasenräume zu finden. In Tabelle 2.1 sind die Phasenbilder für die wichtigsten Fälle zweidimensionaler Systeme zusammen mit deren Eigenwerten wiedergegeben.

Tabelle 2.1. Typisches Verhalten in der Umgebung singulärer Punkte

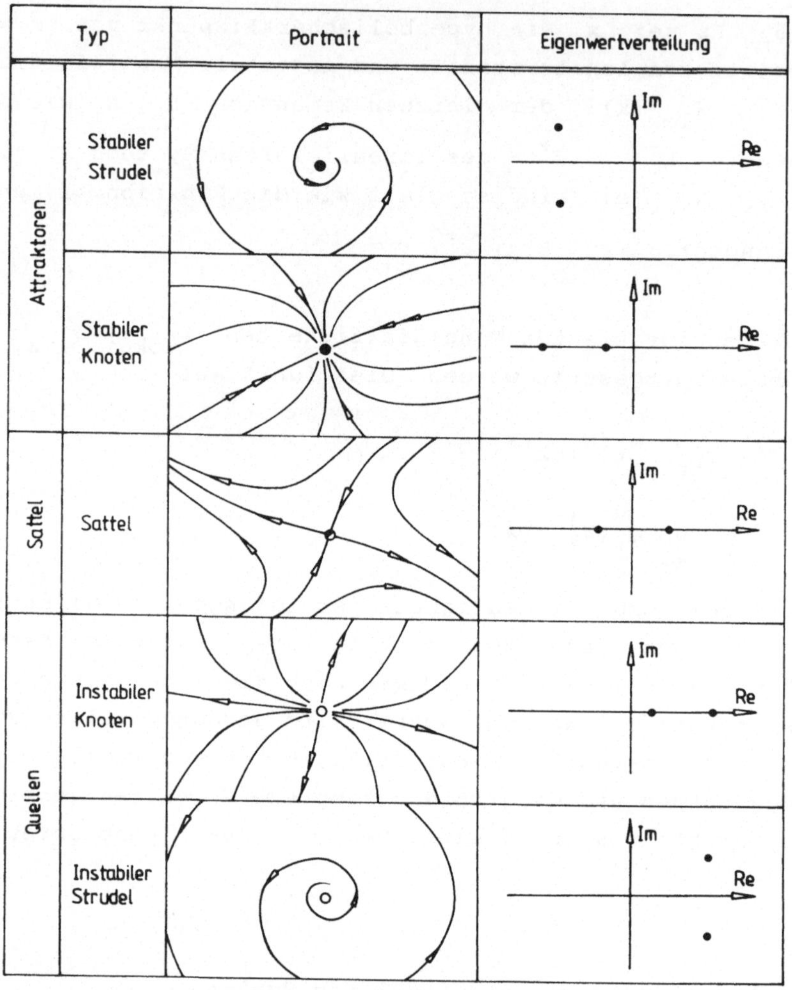

	Typ	Portrait	Eigenwertverteilung
Attraktoren	Stabiler Strudel		Im Re
	Stabiler Knoten		Im Re
Sattel	Sattel		Im Re
Quellen	Instabiler Knoten		Im Re
	Instabiler Strudel		Im Re

Neben Fixpunkten treten in nichtlinearen Systemen häufig auch geschlossene oder periodische Orbits auf. Für eine periodische Lösung gilt $\mathbf{x}(t) = \mathbf{x}(t+T)$, wobei T die kleinste positive Zahl, $0 < T < \infty$, ist, für die die Bedingung für alle t erfüllt ist. Auch für solche Lösungen können stabile und instabile Mannigfaltigkeiten angegeben werden. Bezeichnet γ einen geschlossenen Orbit und U eine Umgebung von γ, dann gilt

$$\begin{aligned} W^-_{lok}(\gamma) &= \{\mathbf{x} \in U \,\big|\, |\varphi_t(\mathbf{x}) - \gamma| \to 0 \text{ mit } t \to \infty \\ &\qquad \text{und } \varphi_t(\mathbf{x}) \in U \,,\ \forall\, t \geq 0\} \,, \\ W^+_{lok}(\gamma) &= \{\mathbf{x} \in U \,\big|\, |\varphi_t(\mathbf{x}) - \gamma| \to 0 \text{ mit } t \to -\infty \\ &\qquad \text{und } \varphi_t(\mathbf{x}) \in U \,,\ \forall\, t \leq 0\} \,. \end{aligned} \tag{2.21}$$

2.5 Lineare und nichtlineare Abbildungen

Anstatt den Fluß eines Systems kontinuierlich zu verfolgen, kann man auch dazu übergehen, das System nur zu bestimmten ausgewählten diskreten Zeitpunkten zu betrachten und damit das Systemverhalten studieren, Bild 2.3. Dann interessiert man sich natürlich dafür, welche Systemeigenschaften des kontinuierlichen Flusses auch im diskreten System erhalten bleiben.

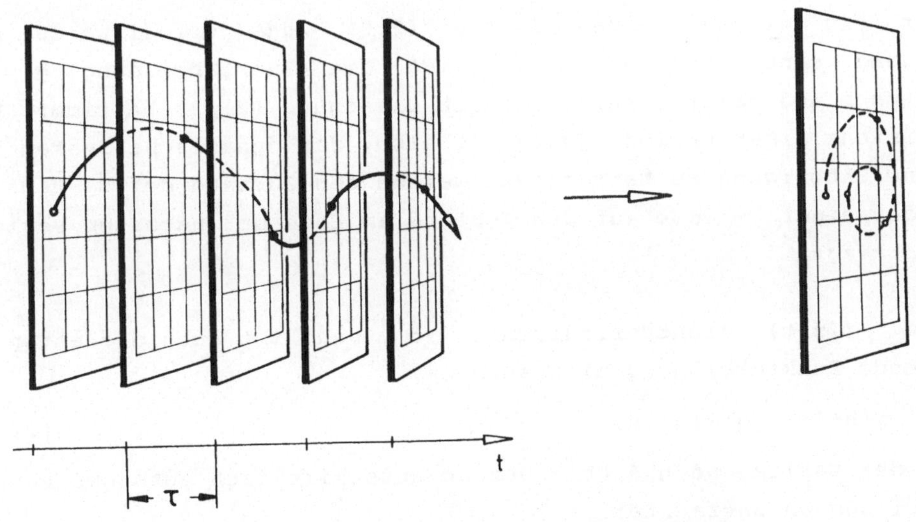

Bild 2.3. Diskretisierung einer Integralkurve

Wird der durch $e^{\mathbf{A}t} : \mathbf{R}^N \to \mathbf{R}^N$ bewirkte Fluß eines linearen Systems (2.10) für festes $t = \tau$ betrachtet, dann liefert $e^{A\tau} = G$, wobei G eine konstante (NxN)-Koeffizientenmatrix ist, eine Differenzengleichung

$$\mathbf{x}(n+1) = G\mathbf{x}(n) \quad , \qquad (2.22)$$

die das diskrete dynamische System des Flusses von (2.10) beschreibt. Analog erhält man für das nichtlineare System (2.16) mit dem Fluß φ_t die nichtlineare Abbildung

$$\mathbf{x}(n+1) = \mathbf{g}(\mathbf{x}(n)) \quad , \qquad (2.23)$$

wo $\mathbf{g} = \varphi_\tau$ eine nichtlineare Vektorfunktion darstellt. Ist der Fluß φ_t glatt, d.h. von der Klasse C^1, dann ist auch $\mathbf{g}$ eine glatte Abbildung mit einer entsprechenden Inversen, also ein Diffeomorphismus. Die durch Differenzengleichungen (2.22) oder (2.23) beschriebenen Systeme, wobei $n \in \mathbf{Z}$ die diskrete Zeit angibt, werden auch als Punktabbildungssysteme oder einfach Punktabbildungen bezeichnet. Ein zur Zeit n durch den Punkt $\mathbf{x}(n)$ repräsentierter Systemzustand wird von G bzw. $\mathbf{g}$ auf einen Punkt $\mathbf{x}(n+1)$ zum Zeitpunkt $n+1$ abgebildet.

Für ein nichtautonomes System (2.9), das periodisch ist mit irgend einer Periode T, ist die Punktabbildung $\mathbf{g} = \varphi_T$ autonom und damit ebenfalls durch Gleichung (2.23) bestimmt. Die Existenz einer Periode gestattet also, das dynamische System als eine Abbildung zu betrachten, welche den Zustand des Systems am Ende einer Periode auf den Zustand am Ende der nächsten Periode überträgt.

Ist $\mathbf{f}(\mathbf{x},t)$ nichtperiodisch in t, dann ist auch die entsprechende Punktabbildung nichtautonom,

$$\mathbf{x}(n+1) = \mathbf{g}(\mathbf{x}(n),n) \quad . \qquad (2.24)$$

In der vorliegenden Arbeit werden ausschließlich autonome Punktabbildungen betrachtet.

Ein Orbit oder eine Trajektorie von (2.22), (2.23) wird durch eine Punktfolge $\{\mathbf{x}(n), -\infty \leq n \leq \infty\}$ dargestellt. Eine geordnete

Menge von Punkten $\{\mathbf{x}(n), n = 0, \pm 1, \ldots\}$, die von einem Anfangspunkt $\mathbf{x}(0)$ ausgeht, wird als "diskrete Trajektorie" oder auch einfach als "Trajektorie" bezeichnet. Der gerade Zweig der Trajektorie ist durch $\{\mathbf{x}(n), n = 0, \pm 2, \pm 4, \ldots\}$ und der ungerade Zweig durch $\{\mathbf{x}(n), n = \pm 1, \pm 3, \pm 5, \ldots\}$ definiert. Außerdem wird die "Vorwärtsrichtung" durch zunehmende n und die "Rückwärtsrichtung" durch abnehmende n charakterisiert.

Anstatt durch eine kontinuierliche Menge von Zuständen $\{\varphi_t(x) \mid t \in \mathbf{R}\}$ wird das dynamische System durch eine diskrete Menge von Zuständen $\{\mathbf{g}^n(\mathbf{x}) \mid n \in \mathbf{Z}\}$ beschrieben. Gibt der durch $e^{\mathbf{A}t}$ bewirkte kontinuierliche Fluß einen natürlichen dynamischen Prozeß wieder, dann stellt der durch $e^{\mathbf{A}n\tau}$ bewirkte diskrete Fluß eine Serie von Bildern dar, die vom Prozeß in regelmäßigen Zeitabständen angenommen werden. Sind die Zeitintervalle klein genug, dann ist der diskrete Fluß eine gute Approximation des kontinuierlichen Flusses. So stellen z. B. die Einzelbilder eines Filmes nichts anderes als einen diskreten Fluß dar.

Nur selten kann man eine analytische Funktion $\mathbf{g}$ angeben, oder kann wie für Systeme unter Impulserregung, siehe Hsu, Yee und Cheng [1977], eine explizite Abbildung gefunden werden. Meist kann eine Differenzengleichung nur durch numerische Integration über ein Diskretisierungsintervall $[t_0, t_0+\tau)$ erhalten werden, wobei die Zeitentwicklung des Systems dann durch

$$t = t_0 + n\tau \quad , \quad n = 0, 1, \ldots \quad , \tag{2.25}$$

beschrieben wird, Bild 2.3. Oft kann erst durch die Diskretisierung kontinuierlicher Systeme die komplexe Dynamik studiert werden, die in mehrfachperiodischen oder chaotischen Systemen beobachtet wird. Bei der Wahl der Diskretisierungszeit τ sind zwei Fälle zu unterscheiden:

- Für autonome Systeme kann die Diskretisierungszeit τ beliebig gewählt werden.

- Für nichtautonome Systeme (2.9) mit $f(t) = f(t+T)$ wählt man die Diskretisierungszeit $\tau = T$.

Diese Art der Bestimmung einer Punktabbildung aus einem kontinuierlichen System ist auch als stroboskopische Methode bekannt, Minorsky [1962], Kauderer [1958] und Blaquière [1966].

Dynamische Systeme können aber durchaus auch unmittelbar durch Differenzengleichungen beschrieben werden. Beispiele dafür sind vor allem Modelle aus der Biologie, z. B. May [1976], aber auch physikalische Vorgänge werden heute zunehmend direkt durch Differenzengleichungen angegeben.

2.6 Poincaré-Abbildungen

Eine weitere Möglichkeit, ein kontinuierliches System zu diskretisieren, geht auf Poincaré zurück und ist hervorragend geeignet, die geometrischen Gesichtspunkte periodischer Lösungen dynamischer Systeme zu verdeutlichen.

Es sei γ ein periodischer Orbit eines Flusses φ_t in $\mathbf{R}^N$ eines nichtlinearen Vektorfeldes $\mathbf{f}(\mathbf{x},t)$. Man wählt nun eine lokale Schnittfläche $\Sigma \subset \mathbf{R}^N$, der Dimension $N-1$. Diese Hyperfläche muß nicht eben sein, aber den Fluß überall transversal schneiden. Mit p wird der Punkt bezeichnet, in dem γ die Hyperfläche Σ durchstößt und $U \subset \Sigma$ ist eine Umgebung von p, Bild 2.4.

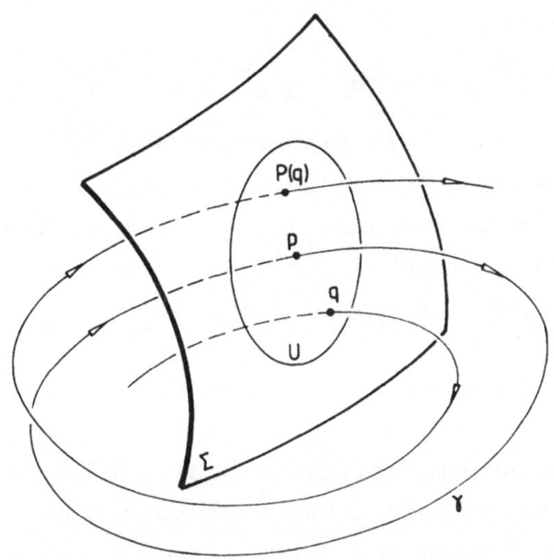

Bild 2.4. Zur Definition der Poincaré-Abbildung

Die Poincaré-Abbildung $P : U \to \Sigma$ ist für einen Punkt $q \in U$ durch

$$P(q) = \varphi_\tau(q) \tag{2.26}$$

definiert, wobei $\tau = \tau(q)$ die Zeit ist, die der von q ausgehende Orbit $\varphi_t(q)$ benötigt, um wieder auf Σ zu treffen. Die Diskretisierungszeit τ hängt also i.a. von q ab und ist nicht notwendigerweise konstant oder gleich der Periodendauer $T = T(p)$ von γ. Es gilt aber $\tau \to T$ für $q \to p$.

Ein Spezialfall einer Poincaré-Abbildung wird für periodisch erregte Systeme erhalten, für die der Phasenraum durch die Mannigfaltigkeit $S^1 \times \mathbf{R}^N$ gegeben ist, vgl. (2.9). In diesem Fall ist die Schnittfläche

$$\Sigma = \{(\theta,\mathbf{x}) \in S^1 \times \mathbf{R}^N \mid \theta = \theta_0\} \tag{2.27}$$

global definiert, da alle Lösungen wegen $\dot{\theta} = 1$ die Schnittfläche Σ transversal schneiden. Die dann global definierte Poincaré-Abbildung $P : \Sigma \to \Sigma$ ist durch

$$P(\mathbf{x}_0) = \Pi\ \varphi_t(\mathbf{x}_0, \Theta_0) \tag{2.28}$$

gegeben, wobei $\varphi_t : S^1 \times \mathbf{R}^N \to S^1 \times \mathbf{R}^N$ den Fluß von (2.9) beschreibt und Π die Projektion auf den $\mathbf{R}^N$ bedeutet. Die Diskretisierungszeit ist nun für alle Punkte $\mathbf{x} \in \Sigma$ gleich, $\tau = T$, wenn T die Anregungsperiode ist. Gleichbedeutend dazu ist $P(\mathbf{x}_0) = \mathbf{x}(\mathbf{x}_0, T+\Theta_0)$, wobei $\mathbf{x}(\mathbf{x}_0, t)$ eine Lösung von (2.9) mit der Anfangsbedingung $\mathbf{x}(\mathbf{x}_0, \Theta_0) = \mathbf{x}_0$ ist.

Poincaré-Abbildungen sind also eine besondere Art von Punktabbildungen, die sich dadurch auszeichnen, daß die Dimension des Abbildungsraumes um eins niedriger ist als die des Phasenraumes. Soll im folgenden dieser Unterschied betont werden, dann wird dies durch die Verwendung des Namens Poincaré-Abbildung ausgedrückt.

2.7 Periodische Lösungen und Fixpunkte von Punktabbildungen

Mit $\mathbf{g}^2(\mathbf{x})$ wird die Abbildung $\mathbf{g}(\mathbf{g}(\mathbf{x}))$ verstanden und entsprechend bedeutet $\mathbf{g}^k(\mathbf{x})$ die Abbildung $\mathbf{g}$ nach k-maliger Anwendung oder die k-te Iterierte von $\mathbf{x}$. Eine periodische Lösung der Abbildung $\mathbf{g}$ mit der Periode k ist dann durch die Menge k verschiedener Punkte $\bar{\mathbf{x}}(j)$, $j = 1,\ldots,k$, gegeben:

$$\begin{aligned} \bar{\mathbf{x}}(m+1) &= \mathbf{g}^m(\bar{\mathbf{x}}(1)) \quad , \quad m = 1,\ldots,k-1 \quad , \\ \bar{\mathbf{x}}(1) &= \mathbf{g}^k(\bar{\mathbf{x}}(1)) \quad . \end{aligned} \tag{2.29}$$

Es ist bequemer, für die periodischen Lösungen eine Abkürzung zu benutzen. Eine periodische Lösung der Periode k wird darum als P-k Lösung und jedes der zugehörigen Elemente $\bar{\mathbf{x}}(j)$, $j = 1,\ldots,k$, als ein Punkt der Periode k oder kurz als P-k Punkt bezeichnet.

Die einfachste periodische Lösung ist die P-1 Lösung

$$\bar{\mathbf{x}} = \mathbf{g}(\bar{\mathbf{x}}) \quad , \tag{2.30}$$

welche auch als Gleichgewichtszustand oder Fixpunkt des diskreten dynamischen Systems bezeichnet wird, da sie invariant unter der Abbildung **g** ist. Geht die Punktabbildung auf ein periodisch erregtes System zurück, dann gehören die P-k Punkte zur "subharmonischen" Lösung der Periode kT . Geometrisch bedeutet nämlich eine P-k Lösung eine Trajektorie, die sich nach k Umläufen im Phasenraum schließt. Um dies besser verständlich zu machen, sind in Bild 2.5 die ein- und zweiperiodische Lösung einer Poincaré-Abbildung skizziert.

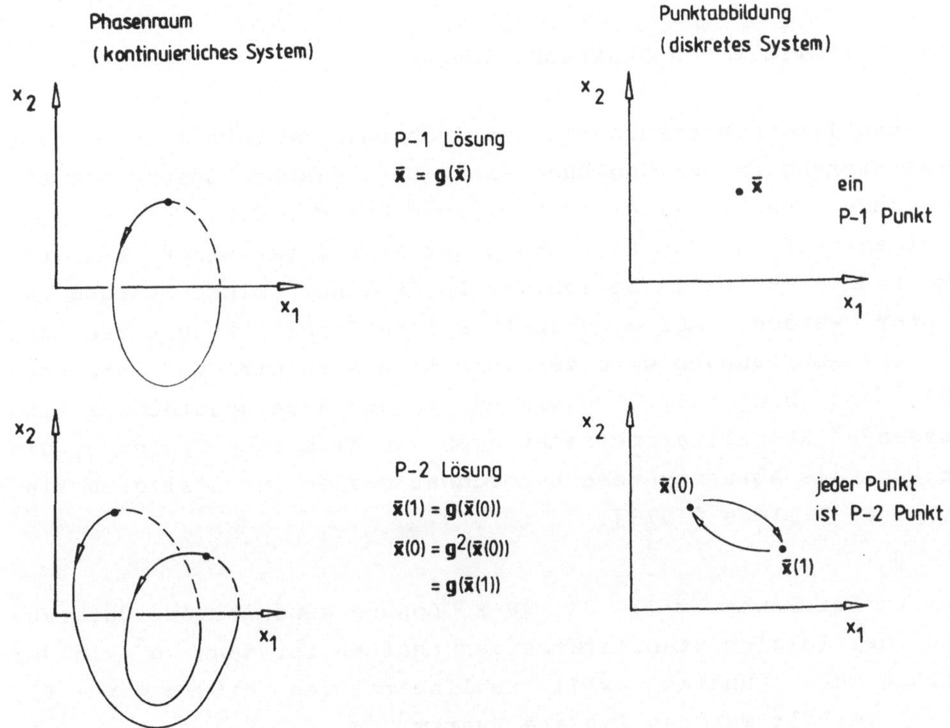

Bild 2.5. Darstellung periodischer Lösungen einer Poincaré-Abbildung

Die Fixpunkte oder periodischen Punkte einer Punktabbildung bzw.

eines Diffeomorphismus gehen aufgrund der Diskretisierung auf periodische Orbits des Flusses zurück. Das ist einer der wichtigsten Gründe für die Betrachtung von Punktabbildungen, da dadurch ein besseres Verständnis von periodischen Flüssen möglich ist.

Im allgemeinen existieren mehrere periodische Lösungen für (2.23) mit unterschiedlicher Periode k. Von praktischer Bedeutung sind aber stets nur stabile periodische Lösungen. Hat man erst einmal periodische Lösungen bestimmt, dann wird man deren Stabilitätsverhalten untersuchen.

2.7.1 Stabilität von Punktabbildungen

Zur Stabilitätsuntersuchung ist auch bei Punktabbildungen eine Linearisierung in der Umgebung einer periodischen Lösung notwendig. Jeder Punkt einer P-k Lösung hat die gleichen Stabilitätseigenschaften. Zur Bestimmung der Stabilität einer P-k Lösung kann deshalb ein beliebiger Punkt einer solchen Lösung betrachtet werden. Auf eine ausführliche Stabilitätsuntersuchung von Punktabbildungen wird verzichtet; hierzu wird auf Bernussou [1977] und Hsu [1977] verwiesen. In der Regelungstechnik sind umfassende Stabilitätsbetrachtungen an diskreten Systemen, die dort auch als Abtastsysteme bezeichnet werden, ebenfalls zu finden, z. B. Willems [1973].

Es wird der Punkt $\bar{\mathbf{x}}(1)$ der P-k Lösung gewählt. Zur Untersuchung der lokalen Stabilitätseigenschaften ist dann $\mathbf{g}^k$ in der Umgebung des Punktes $\bar{\mathbf{x}}(1)$ zu linearsieren. Mit $\mathbf{x} = \bar{\mathbf{x}} + \xi$, $|\xi| << 1$, erhält man das lineare System

$$\xi(m+1) = G\, \xi(m) \quad , \qquad (2.31)$$

wobei G die konstante Jacobimatrix der ersten partiellen Ableitung von $\mathbf{g}^k(\mathbf{x})$ an der Stelle $\bar{\mathbf{x}}(1)$ ist, die man aus

$$G = [Dg^k(\mathbf{x})]_{\mathbf{x}=\bar{\mathbf{x}}(1)}$$
$$= [Dg(\mathbf{x})]_{\mathbf{x}=\bar{\mathbf{x}}(k)} [Dg(\mathbf{x})]_{\mathbf{x}=\bar{\mathbf{x}}(k-1)} \cdots [Dg(\mathbf{x})]_{\mathbf{x}=\bar{\mathbf{x}}(1)} \tag{2.32}$$

erhält. Der Stabilitätscharakter der P-k Lösungen ist vollständig durch die Matrix G bestimmt. Ausnahmen sind die kritischen Fälle, die dadurch gekennzeichnet sind, daß wenigstens ein Eigenwert von G vom Betrag eins ist und die anderen vom Betrag kleiner als eins sind.

Die wichtigsten Stabilitätsaussagen für die triviale Lösung $\xi(m) = 0$ des linearen Systems (2.31) werden im folgenden angegeben, wobei die Eigenwerte von G mit λ_i, $i=1,\ldots,N$, bezeichnet werden:

- Die triviale Lösung des linearisierten Systems ist dann und nur dann asymptotisch stabil, wenn für alle Eigenwerte λ_i gilt: $|\lambda_i| < 1$.
- Die triviale Lösung ist instabil, wenn für mindestens einen Eigenwert von G gilt $|\lambda_j| > 1$.

Trotz der Probleme, die durch mehrfache Eigenwerte auftreten können, gilt, daß die Eigenwerte alleine ausreichen, um die Stabilität zu beurteilen, falls alle $|\lambda_i| < 1$ sind. In diesem Fall wird die Lösung hyperbolisch genannt. Die lokale Stabilitätseigenschaft des linearisierten Systems überträgt sich auf das nichtlineare System. Anders ist dies für die beiden folgenden kritischen Fälle:

- Existieren Eigenwerte mit $|\lambda_j| = 1$, die aber alle verschieden sind und gilt für die übrigen Eigenwerte $|\lambda_i| < 1$, dann ist die triviale Lösung stabil, aber nicht asymptotisch stabil.
- Ist λ_j ein mehrfacher Eigenwert mit $|\lambda_j| = 1$ und gilt

für alle anderen Eigenwerte entweder $|\lambda_i| < 1$ oder $|\lambda_i| = 1$ und alle verschieden, dann ist die triviale Lösung stabil, falls die zum mehrfachen Eigenwert λ_j gehörende Jordanmatrix diagonal ist, andernfalls instabil.

Die entsprechende Lösung wird als elliptisch bezeichnet. Ist die Zahl der Eigenwerte mit negativem Realteil gerade, dann ist die lineare Abbildung orientierungsbewahrend, andernfalls ändert sich die Orientierung.

Die kritischen Fälle sind für die Verzweigungstheorie von Bedeutung, wenn (2.23) zusätzlich von einem variablen Parameter abhängt. Lösungen der Periode k, die Eigenwerte vom Betrag eins aufweisen, können bei Änderung des Parameters zu P-2k Lösungen verzweigen, die stabil sind. Die ursprünglichen P-k Lösungen werden dabei instabil. Solche Periodenverdopplungen bilden eine mögliche Ursache für das Auftreten nichtperiodischen, irregulären Verhaltens nichtlinearer dynamischer Systeme.

Mit den Eigenvektoren können auch für Punktabbildungen Unterräume definiert werden:

- $E^- = \text{span}\{n_-$ Eigenvektoren zu Eigenwerten $|\lambda| < 1\}$,
- $E^+ = \text{span}\{n_+$ Eigenvektoren zu Eigenwerten $|\lambda| > 1\}$,
- $E^o = \text{span}\{n_o$ Eigenvektoren zu Eigenwerten $|\lambda| = 1\}$.

Es gilt wiederum, daß auf E^- die Orbits konvergieren und auf E^+ die Orbits divergieren.

Wie für Flüsse gelten für Punktabbildungen oder Diffeomorphismen das Linearsierungstheorem von Hartman-Grobman und die Ergebnisse über invariante Mannigfaltigkeiten:

<u>Satz 2.6</u> (Hartman-Grobman): Es sei $\mathbf{g} : \mathbf{R}^N \to \mathbf{R}^N$ ein Diffeomorphismus der Klasse C^1 mit einem hyperbolischen Fixpunkt $\bar{\mathbf{x}}$. Dann existiert ein auf einer Umgebung U von $\bar{\mathbf{x}}$ definierter Homöomorphismus $\mathbf{h}$, so daß $\mathbf{h}(\mathbf{g}(\xi)) = \mathbf{D}\mathbf{g}(\bar{\mathbf{x}})\mathbf{h}(\xi)$ für alle

$\xi \in U$ gilt.

<u>Satz 2.7:</u> Es sei $g : R^N \to R^N$ ein Diffeomorphismus der Klasse C^1 mit einem hyperbolischen Fixpunkt $\bar{x}$. Dann gibt es lokale stabile und instabile Mannigfaltigkeiten $W^-_{lok}(\bar{x})$, $W^+_{lok}(\bar{x})$ entsprechender Dimension. Die $W^-_{lok}(\bar{x})$, $W^+_{lok}(\bar{x})$ sind so glatt wie die Abbildung g und zu den Eigenräumen E^-, E^+ von $Dg(\bar{x})$ in $\bar{x}$ tangential.

Auch die globale stabile und instabile Mannigfaltigkeit ist ganz analog zu denen von Flüssen definiert. Mit den lokalen stabilen und instabilen Mannigfaltigkeiten

$$\begin{aligned} W^-_{lok}(\bar{x}) &= \{x \in U \mid g^n(x) \to \bar{x} \text{ mit } n \to \infty \\ &\qquad \text{und } g^n(x) \in U, \quad \forall\, n \geq 0\}, \\ W^+_{lok}(\bar{x}) &= \{x \in U \mid g^{-n}(x) \to \bar{x} \text{ mit } n \to \infty \\ &\qquad \text{und } g^{-n}(x) \in U, \quad \forall\, n \geq 0\}, \end{aligned} \tag{2.33}$$

ergeben sich die globalen invarianten Mannigfaltigkeiten

$$\begin{aligned} W^-(\bar{x}) &= \bigcup_{n \geq 0} g^{-n}(W^-_{lok}(\bar{x})), \\ W^+(\bar{x}) &= \bigcup_{n \geq 0} g^{n}(W^+_{lok}(\bar{x})). \end{aligned} \tag{2.34}$$

Man hat jedoch stets den Unterschied zwischen Flüssen, wo ein Orbit $\varphi_t(x)$ eine Kurve im R^N ist, und Abbildungen, wo ein Orbit $\{g^n(x)\}$ eine Folge von Punkten ist, zu beachten, Bild 2.6.

Die lokale stabile invariante Mannigfaltigkeit enthält alle stabilen Lösungen, d.h. auch die durch die nichtlinearen Anteile hervorgerufenen gekrümmten Teile der invarianten Mannigfaltigkeit streben zur lokalen Mannigfaltigkeit.

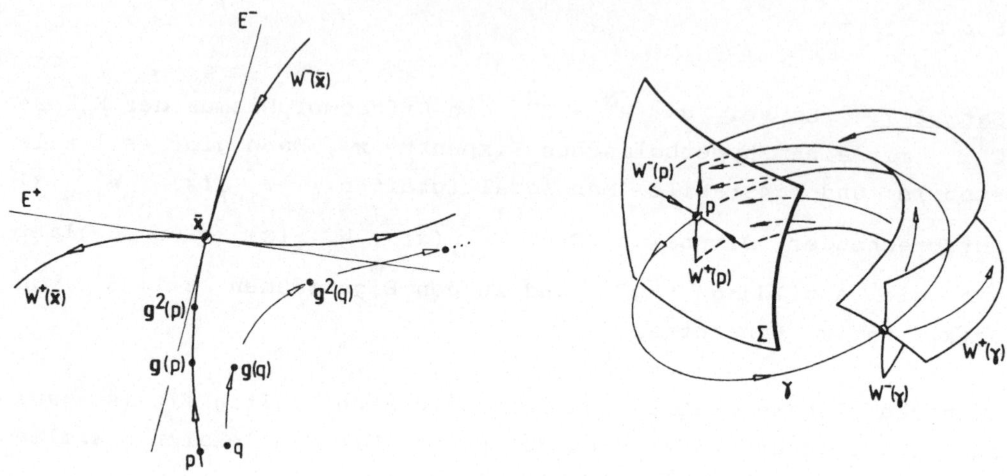

Bild 2.6. Invariante Mannigfaltigkeiten für eine Punktabbildung und eine Poincaré-Abbildung

Es sei hier angemerkt, daß der Grenzzykel in Bild 2.6 als eine Zentrumsmannigfaltigkeit angesehen werden kann. Die Konsequenz daraus ist, daß der Fixpunkt $\bar{x}$ dann eine zu einem Punkt degenerierte Zentrumsmannigfaltigkeit der Punktabbildung wird.

2.7.2 Klassifizierung von Fixpunkten

Wie für Flüsse kann auch für Diffeomorphismen eine Klassifizierung von Fixpunkten vorgenommen werden. Für zweidimensionale Punktabbildungen kann das Verhalten in der Umgebung der Fixpunkte sehr anschaulich dargestellt werden. Zweidimensionale Diffeomorphismen sind vor allem auch deshalb von Bedeutung, weil viele nichtlineare Systeme mit einer dominierenden Eigenschwingung auf Systeme mit einem Freiheitsgrad zurückgeführt werden können.

Eine lineare, zweidimensionale Punktabbildung sei durch (2.22) beschrieben, mit $x_1(n) = x_2(n) = 0$ als Fixpunkt oder singulärem Punkt.

Sind λ_1 und λ_2 die Eigenwerte der Matrix **G** und sind diese reell und verschieden, dann existiert eine nichtsinguläre Transformation

$$(x_1, x_2) \rightarrow (\xi_1, \xi_2) \quad , \tag{2.35}$$

durch die (2.22) in

$$\begin{aligned} \xi_1(n+1) &= \lambda_1 \xi_1(n) \quad , \\ \xi_2(n+1) &= \lambda_2 \xi_2(n) \quad , \end{aligned} \tag{2.36}$$

übergeführt werden kann.

Für $\lambda_1 = \lambda_2 = \lambda$, und falls **G** diagonalisierbar ist, gilt weiterhin (2.36). Ist für $\lambda_1 = \lambda_2 = \lambda$ die kanonische Form jedoch nicht diagonal, dann existiert eine nichtsinguläre lineare reelle Transformation

$$\begin{aligned} \xi_1(n+1) &= \lambda \, \xi_1(n) \quad , \\ \xi_2(n+1) &= \nu \, \xi_1(n) + \lambda \, \xi_2(n) \quad , \end{aligned} \tag{2.37}$$

mit der beliebig kleinen Konstanten $\nu \neq 0$.

Sind λ_1 und λ_2 komplexe Eigenwerte, dann sind sie notwendigerweise konjugiert komplex, $\lambda_{1,2} = \alpha \pm i\beta$. In diesem Fall existiert eine reelle, nichtsinguläre Transformation

$$(x_1, x_2) \rightarrow (\zeta_1, \zeta_2) \quad , \tag{2.38}$$

welche (2.22) auf die Form

$$\begin{aligned} \zeta_1(n+1) &= \alpha \, \zeta_1(n) - \beta \, \zeta_2(n) \quad , \\ \zeta_2(n+1) &= \beta \, \zeta_1(n) + \alpha \, \zeta_2(n) \quad , \end{aligned} \tag{2.39}$$

bringt.

Die Lösung von (2.36) kann leicht gefunden werden. Der Anfangspunkt sei durch $(\xi_1(0) \, , \, \xi_2(0))$ gegeben, dann ergibt sich die Lösung

$$\xi_1(n) = \lambda_1^n\, \xi_1(0) \quad , \quad \xi_2(n) = \lambda_2^n\, \xi_2(0) \quad . \tag{2.40}$$

Für (2.37) findet man

$$\xi_1(n) = \lambda^n \xi_1(0) \quad , \quad \xi_2(n) = \nu n \lambda^{n-1} \xi_1(0) + \lambda^n \xi_2(0) \quad . \tag{2.41}$$

Im Fall (2.39), wo komplexe Eigenwerte vorliegen, werden Polarkoordinaten r und θ eingeführt, so daß gilt

$$\zeta_1 = r \cos\theta \quad , \quad \zeta_2 = r \sin\theta \quad . \tag{2.42}$$

Werden außerdem die Eigenwerte in der Form

$$\lambda_1 = \varrho\, e^{i\psi} \quad , \quad \lambda_2 = \varrho\, e^{-i\psi} \tag{2.43}$$

ausgedrückt, dann ist die Lösung gegeben durch

$$r(n) = \varrho^n\, r(0) \; , \quad \theta(n) = \theta(0) + n\psi \quad . \tag{2.44}$$

Nach diesen Vorbereitungen kann eine systematische geometrische Klassifizierung der singulären Punkte angegeben werden, die sehr ähnlich ist wie im Fall von Differentialgleichungen zweiter Ordnung. Die Ergebnisse für $\lambda_1 \neq \lambda_2$ sind in Tabelle 2.2 zusammengestellt.

Tabelle 2.2. Verhalten der Punktabbildung in der Umgebung von Fixpunkten

	Typ	Portrait	Eigenwertverteilung
Attraktoren	Strudel	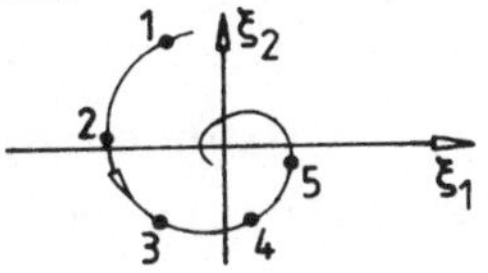	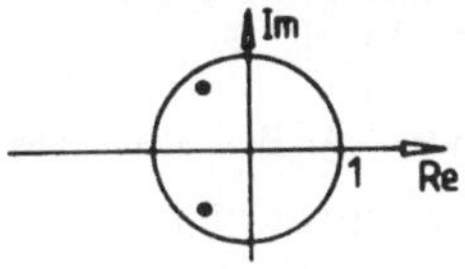 $\rho < 1$
Attraktoren	Knoten 1. Art	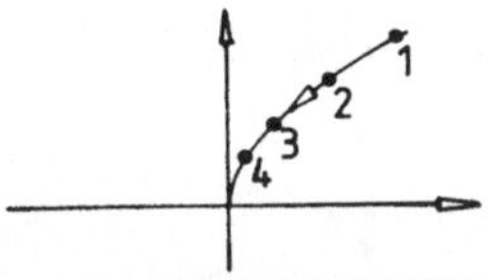	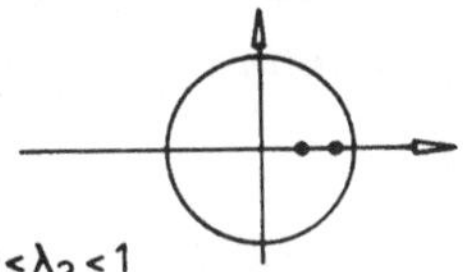 $0 < \lambda_1 < \lambda_2 < 1$
Attraktoren	Knoten 2. Art	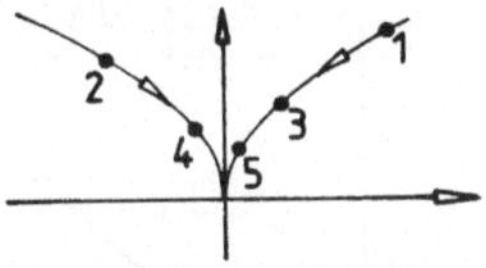	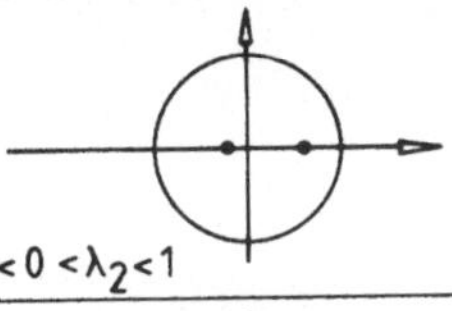 $-1 < \lambda_1 < 0 < \lambda_2 < 1$ $\quad \lvert\lambda_1\rvert < \lambda_2$
Wirbel	Wirbel	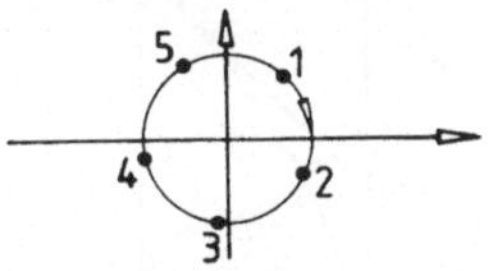	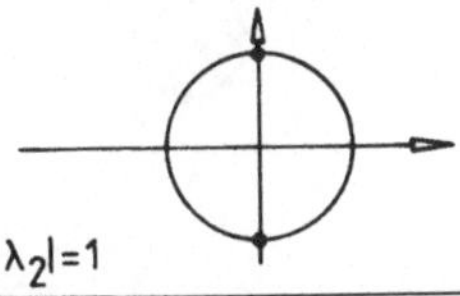 $\lvert\lambda_1\rvert = \lvert\lambda_2\rvert = 1$
Sattel	Sattel 1. Art	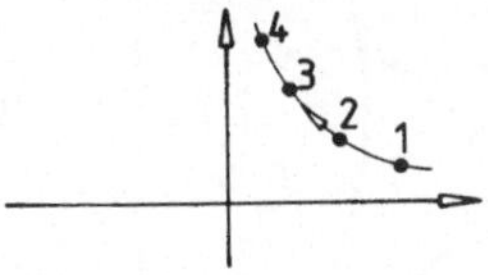	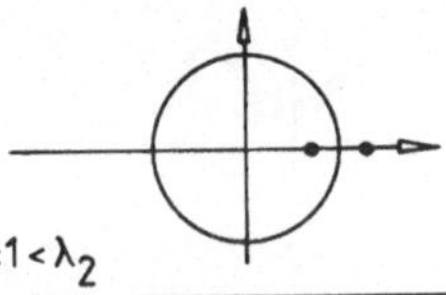 $0 < \lambda_1 < 1 < \lambda_2$
Sattel	Sattel 2. Art	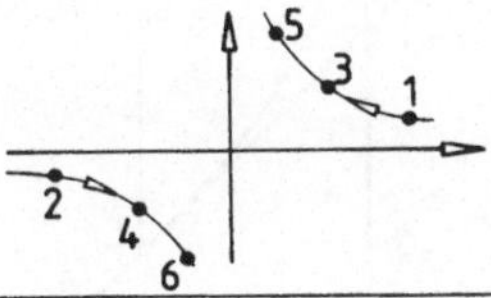	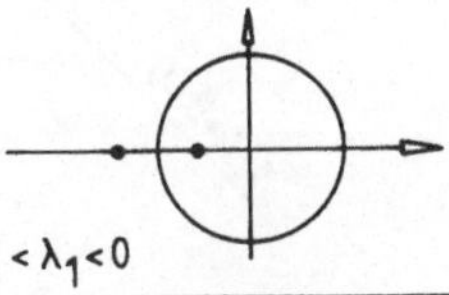 $\lambda_2 < -1 < \lambda_1 < 0$
Quellen	Knoten 2. Art	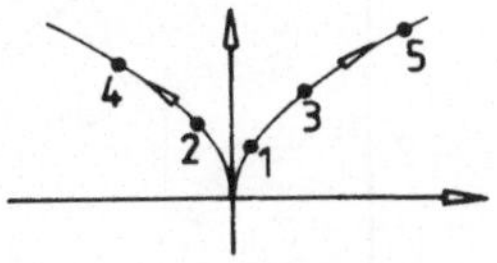	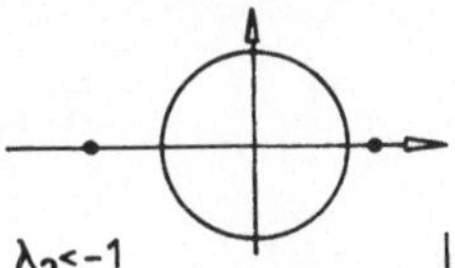 $1 < \lambda_1,\ \lambda_2 < -1$ $\quad \lvert\lambda_1\rvert < \lvert\lambda_2\rvert$
Quellen	Knoten 1. Art	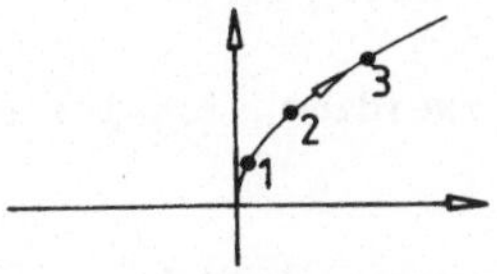	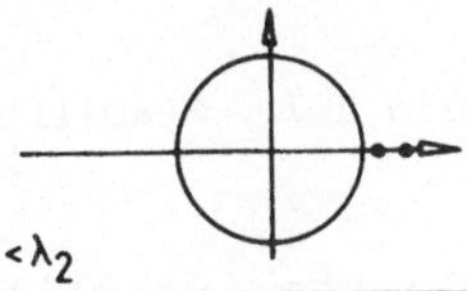 $1 < \lambda_1 < \lambda_2$
Quellen	Strudel	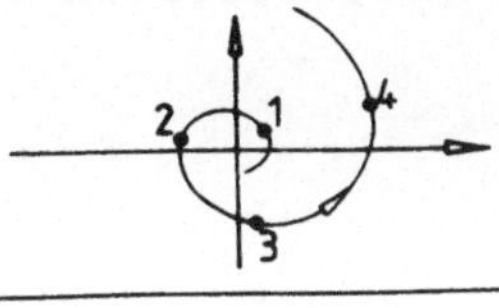	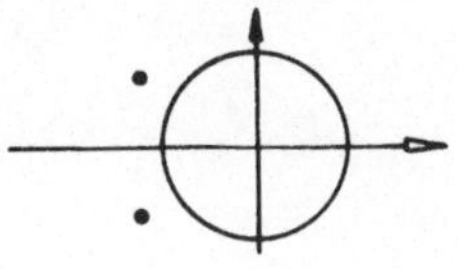 $\rho > 1$

Die Stabilitätsverhältnisse können auch übersichtlich in einer Stabilitätskarte angegeben werden, Hsu [1977]. Dazu führt man die Parameter

$$A = \text{spur } G \quad , \quad B = \det G \tag{2.45}$$

ein. Die A-B Parameterebene wird dann entsprechend dem Charakter der verschiedenen singulären Punkte in mehrere Gebiete eingeteilt, Bild 2.7. Dadurch erhält man schnell Aufschluß über den Stabilitätscharakter singulärer Punkte.

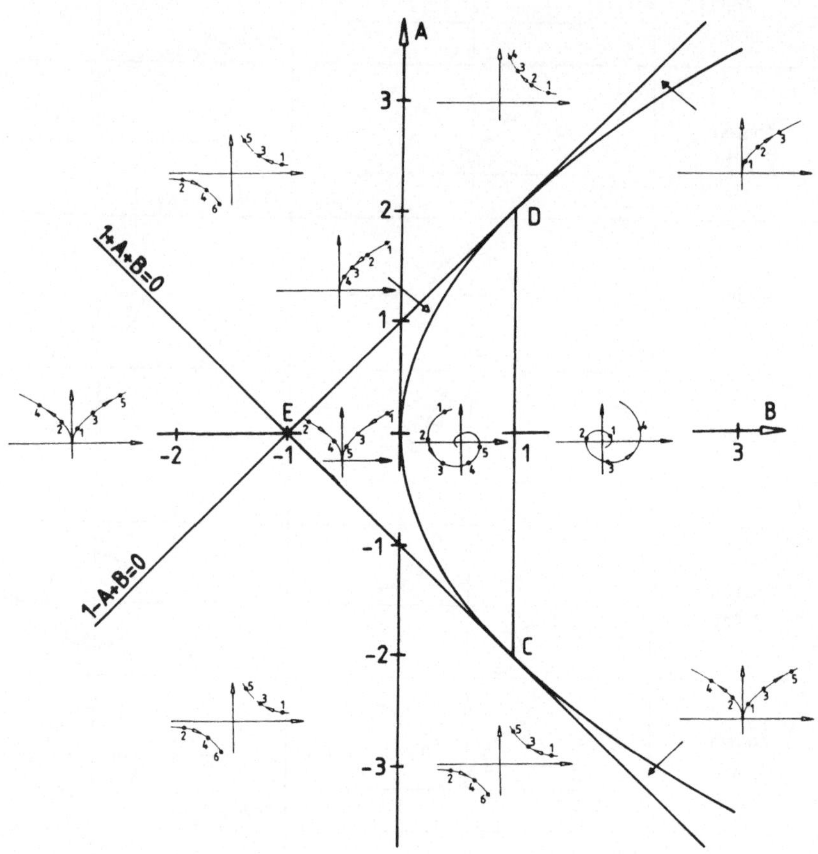

Bild 2.7. Stabilitätskarte zweidimensionaler Punktabbildungen

Asymptotische Stabilität eines singulären Punktes ist gegeben, wenn

$$B < 1\ ,\quad 1 - A + B > 0\ ,\quad 1 + A + B > 0 \tag{2.46}$$

gilt. Die drei Geraden $B = 1$, $1 - A + B = 0$ und $1 + A + B = 0$ sind in Bild 2.7 eingetragen. Das Gebiet für asymptotische Stabilität liegt innerhalb des durch die drei Geraden gebildeten Dreiecks. Auf CD sind λ_1 und λ_2 konjugiert komplex vom Betrag 1, auf $1 - A + B = 0$ hat einer der Eigenwerte λ den Wert 1 und auf $1 + A + B = 0$ ist einer der Eigenwerte λ gleich -1. Das ganze Gebiet außerhalb des Dreiecks ist instabil.

2.8 Asymptotisches Verhalten

Bisher wurde bereits festgestellt, daß sich das asymptotisch stabile Verhalten von singulären Punkten linearer Systeme auch auf die singulären Punkte der ursprünglichen Systeme überträgt, falls sie autonom oder periodisch in t sind. Im folgenden werden zunächst einige Grenzmengen angegeben, die für die numerische Untersuchung asymptotisch stabilen Verhaltens nützlich sind. Dann werden noch Ideen zur Bestimmung der Einzugsgebiete asymptotisch stabiler Lösungen angegeben.

2.8.1 Grenzpunkte und Grenzmengen

Eine Menge $S \subset \mathbf{R}^N$ wird invariant unter dem Fluß φ_t bzw. $\mathbf{g}$ genannt, wenn gilt

$$\varphi_t(\mathbf{x}) \in S \text{ (oder } \mathbf{g}(\mathbf{x}) \in S) \quad \forall\, \mathbf{x} \in S \text{ und } \forall\, t \in \mathbf{R} \; (\forall\, n \in \mathbf{Z})\ . \tag{2.47}$$

Die bereits definierten stabilen und instabilen Mannigfaltigkeiten eines Fixpunktes oder einer periodischen Lösung sind Beispiele dafür. Fixpunkte und periodische Lösungen sind von besonderer Bedeutung beim Studium dynamischer Systeme, da sie unveränderliches Verhalten repräsentieren. Aber auch Punkte, die unendlich oft in eine beliebig kleine Umgebung von Fixpunkten zurückkehren, oder auch Punkte p zu denen Punkte q beliebig nahe sind und deren Bildpunkte unendlich oft in eine Umgebung von p zurückkehren, können zur Charakterisierung des Langzeitverhaltens von Bedeutung sein, wie sich bei chaotischen Systemen zeigen wird. Wiederkehrendes oder rekurrentes Verhalten dieser Art wird auch als nichtwanderndes Verhalten bezeichnet. Eine Verallgemeinerung dieses Verhaltens wird unter dem Begriff Grenzmenge zusammengefaßt.

Ein Punkt p wird unter der Wirkung eines Flusses φ_t (bzw. einer Abbildung $\mathbf{g}$) nichtwandernd genannt, wenn für jede Umgebung U von p ein beliebig großes $t > 0$ (bzw. $n > 0$) existiert, so daß gilt $\varphi_t(U) \cap U \neq \emptyset$ (bzw. $\mathbf{g}^n(U) \cap U \neq \emptyset$). Sonst wird der Punkt p wandernd genannt. Die Menge der nichtwandernden Punkte wird mit Ω bezeichnet. Die Menge der wandernden Punkte ist offensichtlich offen. Die Menge Ω ist dann abgeschlossen, was bedeutet, daß sie mindestens den Abschluß der Menge der Fixpunkte und periodischen Punkte enthält. Wandernde Punkte kennzeichnen das Übergangsverhalten während nichtwandernde Punkte das Langzeit- oder asymptotische Verhalten charakterisieren.

Ein Punkt p ist ein ω-Grenzpunkt von $\mathbf{x}$, wenn für den Orbit von $\mathbf{x}$ $\varphi_{ti}(\mathbf{x}) \to p$ mit $t_i \to \infty$ gilt. Ein Punkt q ist ein α-Grenzpunkt, wenn eine solche Folge für $\varphi_{ti}(\mathbf{x}) \to q$ mit $t_i \to -\infty$ existiert. Für Abbildungen $\mathbf{g}$ gilt die gleiche Definition mit t_i ganzzahlig. Die Menge der Grenzpunkte von $\mathbf{x}$ wird in der α- bzw. ω-Grenzmenge zusammengefaßt.

Eine abgeschlossene invariante Menge $A \subset \mathbf{R}^N$ wird als attraktive oder anziehende Menge bezeichnet, falls es eine Umgebung U von A gibt, so daß für alle $\mathbf{x} \in U$ $\varphi_t(\mathbf{x}) \in U$ für $t \geq 0$ und $\varphi_t(\mathbf{x}) \to A$ mit $t \to \infty$ gilt. Die Menge $\bigcup_{t \leq 0} \varphi_t(U)$ wird als Einzugsgebiet oder -bereich, aber auch als Attraktionsgebiet oder Bassin von A bezeichnet; sie bildet damit die stabile Mannigfaltigkeit von A . Alle Orbits, die im

Einzugsgebiet von A starten, enden auf A. Eine abstoßende Menge wird analog definiert, wobei t durch $-t$ zu ersetzen ist. Einzugsgebiete von nichtzusammenhängenden attraktiven Mengen schneiden sich notwendigerweise nicht. Sie werden durch die stabile Mannigfaltigkeit einer nichtattraktiven Menge getrennt, den sogenannten Separatizen. Separatizen sind also Komplemente der Einzugsgebiete: $\mathrm{Sep} = \{\mathbf{x} \in \mathbf{R}^N \mid \omega(\mathbf{x})$ ist nicht in einen Attraktor enthalten$\}$.

In vielen Fällen kann man das Attraktionsgebiet als einfach zusammenhängende Menge $D \subset \mathbf{R}^N$ bestimmen, so daß $\varphi_t(D) \subset D$ für alle $t > 0$ gilt. D.h., es reicht aus zu zeigen, daß das Vektorfeld vom Rand D überall nach innen zeigt. Die Menge A erhält man dann aus

$$A = \bigcap_{t \geq 0} \varphi_t(D) \quad . \tag{2.48}$$

Ist A eine attraktive Menge einer Punktabbildung mit der Umgebung U, für die $g^n(U) \to A$ mit $n \to \infty$ gilt, dann kann wie für Flüsse, falls D das Einzugsgebiet ist, definiert werden

$$A = \bigcap_{n \geq 0} g^n(D) \quad . \tag{2.49}$$

Ist $\bar{\mathbf{x}}$ ein asymptotisch stabiler Fixpunkt, dann ist $\bar{\mathbf{x}}$ die ω-Grenzmenge eines jeden Punktes seines Einzugsbereiches. Eine geschlossene Trajektorie ist die α-Grenzmenge aller seiner Punkte. Ist im Inneren eines stabilen Grenzzykels γ ein instabiler Strudel q, dann ist γ ω-Grenzmenge aller Punkte mit Ausnahme des Strudelpunkts. Der Strudel q ist die α-Grenzmenge jedes Punktes innerhalb von γ. Für alle Punkte außerhalb γ ist die α-Grenzmenge leer, Bild 2.8a.

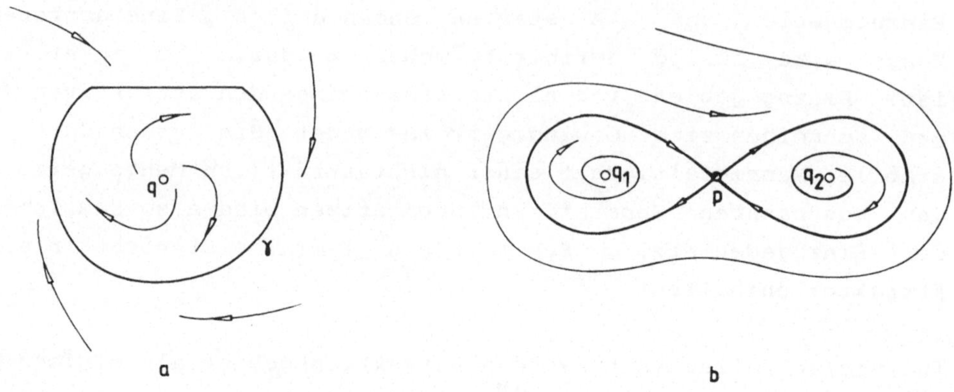

Bild 2.8. Zur Erklärung von Grenzmengen

Es gibt aber auch Fälle, wo Grenzmengen weder Grenzzykel noch singuläre Punkte sind. Bild 2.8b mit den beiden instabilen Strudeln q_1, q_2 und dem Sattel p ist ein Beispiel dafür. Die "Acht" bildet die ω-Grenzmenge für alle Punkte außerhalb. Der linke Teil der "Acht" ist ω-Grenzmenge aller Punkte innerhalb dieser Kurve, außer des Punktes q_1. Das Analoge gilt für den rechten Teil der Figur.

Während für zweidimensionale Flüsse die Grenzmengen relativ einfach sind, gilt dies für dreidimensionale Flüsse und zweidimensionale Punktabbildungen nicht mehr, wie sich später zeigen wird.

2.8.2 Analytische Bestimmung von Einzugsgebieten

Mit den bereits erwähnten Ljapunov-Funktionen ist eine Abschätzung und unter bestimmten Voraussetzungen sogar eine exakte Bestimmung von Einzugsbereichen möglich. Von Aulbach [1983a,1983b] wurde ein von Zubov vorgeschlagenes Verfahren zur Ermittlung des Einzugsgebietes asymptotisch stabiler Lösungen autonomer Systeme auf nichtautonome Systeme erweitert. Schwierigkeiten treten jedoch auch wiederum dadurch auf, daß es oft nicht möglich ist, entsprechende Ljapunov-Funktionen zu konstruieren.

2.8.3 Zur numerischen Bestimmung von Einzugsgebieten

In zweidimensionalen Systemem mit Sattelpunkten lassen sich Einzugsgebiete oft durch ein einfaches Verfahren bestimmen. In der unmittelbaren Umgebung des Sattelpunktes haben die lokalen stabilen und instabilen Mannigfaltigkeiten, die Separatizen, die gleiche Richtung wie die des linearisierten Systems. Werden kleine Intervalle der Eigenrichtung nahe des singulären Punktes dem Fluß φ_t bzw. der Abbildung $\mathbf{g}$ unterworfen, dann führt dies in vielen Fällen auf die tatsächliche Separatrix.

Betrachtet sei nun ein zweidimensionales dynamisches System, für das ein asymptotisch stabiler singulärer Punkt existiert. In einem solchen Fall ist es wünschenswert, die globalen Stabilitätsgebiete, d.h. den Einzugsbereich der stabilen Lösung, zu kennen. Während für Differentialgleichungen zweiter Ordnung gewöhnlich die Separatizen der Sattelpunkte die globalen Stabilitätsgebiete begrenzen, treten bei den Punktabbildungen manchmal Probleme auf. Diese Schwierigkeiten entstehen, wenn homoklinische oder heteroklinische Punkte vorhanden sind. Das Auftreten eines homoklinischen Punktes hat unendlich viele solcher Punkte zur Folge und führt zur komplizierten Struktur sich schneidender Separatizen, die später noch studiert wird.

<u>Anmerkung:</u> Homoklinische Punkte entstehen, wenn sich die stabile und instabile Mannigfaltigkeit, $W^-(\bar{\mathbf{x}})$ und $W^+(\bar{\mathbf{x}})$, eines Fixpunktes $\bar{\mathbf{x}}$ schneiden. Heteroklinische Punkte entstehen, wenn sich $W^-(\bar{\mathbf{x}}_1)$ und $W^+(\bar{\mathbf{x}}_2)$ zweier verschiedener Fixpunkte $\bar{\mathbf{x}}_1$, $\bar{\mathbf{x}}_2$ schneiden.

Die praktische Bestimmung eines Gebietes asymptotischer Stabilität eines Fixpunktes von Punktabbildungen erscheint zunächst einfach zu sein. Man sucht in der Umgebung eines asymptotisch stabilen singulären Punktes eine geschlossene Kurve oder Fläche, die den Punkt umschließt, z. B. einen Kreis oder eine Sphäre, und bildet diese unter **g** ab. Liegt das Bild vollständig innerhalb des Urbildes, dann kann durch Rückwärtsabbildung das Attraktionsgebiet des Fixpunktes bestimmt werden. Für P-k Punkte ist dieses Verfahren ebenfalls anwendbar. Das Stabilitätsgebiet besteht dann aus k separaten Gebieten, jedes liegt um einen der P-k Punkte. Für eineindeutige Abbildungen konnte die Gültigkeit dieses Vorgehens von Hsu, Yee und Cheng [1977] bewiesen werden. Aber auch dabei besteht die Schwierigkeit, die Dichte der Punktverteilung auf der Kurve oder Fläche so zu wählen, daß die Ermittlung des Einzugsgebietes ausreichend genau wird. Außerdem ist der Rechenaufwand oft unvertretbar groß.

3 Konservative Systeme

Die bedeutendsten Entwicklungen auf dem Gebiet der nichtlinearen dynamischen Systeme haben ihre Wurzeln in der Hamiltonschen Mechanik, dem klassischen Zweig der Dynamik, der sich mit konservativen Systemen beschäftigt. Für ein autonomes konservatives System gilt, daß das Volumen eines Volumenelements im Phasenraum erhalten bleibt, was der Energieerhaltung entspricht. Das ist der wesentliche Unterschied zu dissipativen oder nichtkonservativen Systemen, für die das Volumen eines Elements des Phasenraumes schließlich zu null schrumpft.

In den letzten 200 Jahren waren vor allem die in der Himmelsmechanik aufgeworfenen Fragen im Zusammenhang mit der Langzeitstabilität Anlaß für intensive Studien von Mathematikern, Astronomen und Physikern. Die entscheidenden Impulse im Bereich der mathematischen Dynamik, die noch heute nachwirken, sind wohl Poincaré zuzuschreiben. Poincaré [1892] erkannte bereits die ungemein komplizierte Struktur der Bewegungen in der Nähe instabiler Fixpunkte beim Studium des Dreikörperproblems der Himmelsmechanik. Dies war ein erster Hinweis dafür, daß reguläre eingeprägte Kräfte regelloses Verhalten in nichtlinearen Schwingungssystemen hervorrufen können. Birkhoff [1927] konnte nachweisen, daß stabile und instabile Fixpunkte vorliegen, wenn die innere Resonanzbedingung, d.h. rationales Frequenzverhältnis der beiden Freiheitsgrade, erfüllt ist.

Gerade die Frage nach der Langzeitstabilität des Dreikörperproblems erwies sich als äußerst schwierig und ist noch heute entfernt von der vollständigen analytischen Lösung. Die traditionellen Störungsmethoden zeigten divergente Lösungen, da sie den Effekt der inneren Resonanzen nicht berücksichtigen. Erst durch die Arbeiten von Kolmogorov [1954], Arnold [1963a,b] und Moser [1962] wurde ein Durchbruch erzielt. Schließlich konnten durch numerische Untersuchungen mit Hilfe der Schnittflächenmethode von Poincaré die im KAM-Theorem bewiesenen Aussagen eindrucksvoll bestätigt werden. Dadurch wurde die große Bedeutung dieses Zweiges der experimentellen Dynamik nachhaltig unterstrichen.

Im Rahmen dieser Arbeit wird keine umfassende Behandlung konservativer dynamischer Systeme angestrebt. Es sollen hier nur jene Themen der Hamiltonschen Mechanik behandelt werden, die auch für die numerische Untersuchung von Bedeutung sind. Ausführliche Beschreibungen Hamiltonscher Systeme sind z. B. in Arnold [1978], Goldstein [1980], Hagedorn [1978] und Pars [1979] zu finden. Außerdem sei auf die beiden sehr schönen Übersichtsartikel von Berry [1978] und Helleman [1980], sowie auf das Buch von Lichtenberg und Lieberman [1983] verwiesen. In den drei letztgenannten Arbeiten werden vor allem auch die neuesten Entwicklungen diskutiert.

3.1 Hamiltonsche Bewegungsgleichungen

Die von Hamilton 1834 eingeführten Bewegungsgleichungen für ein System mit f Freiheitsgraden erhält man aus der Hamiltonschen Funktion $H = H(\mathbf{q},\mathbf{p},t)$ durch Differentiation:

$$\dot{q}_i = \frac{\partial H}{\partial p_i} \quad , \quad \dot{p}_i = -\frac{\partial H}{\partial q_i} \quad , \quad i = 1,\ldots,f \quad . \tag{3.1}$$

Darin sind q_i die verallgemeinerte Koordinate und p_i der verallgemeinerte Impuls für den i-ten Freiheitsgrad, die zu den (fx1)-Vektoren $\mathbf{q} = [q_1\ q_2\ \ldots\ q_f]^T$ und $\mathbf{p} = [p_1\ p_2\ \ldots\ p_f]^T$ zusammengefaßt werden können. Im Konfigurationsraum mit den Koordinaten q_i wird die Lage des Systems beschrieben, und der Phasenraum wird von den Koordinaten q_i, p_i aufgespannt. Ein Satz von Variablen $\mathbf{q}$ und $\mathbf{p}$, deren Zeitentwicklung durch Gleichungen der Form (3.1) angegeben werden kann, wird kanonisch genannt; die q_i, p_i werden als konjugierte Variablen bezeichnet.

Die Differentialgleichungen (3.1) haben eine Reihe von wichtigen Eigenschaften. So ist z. B. die Hamilton-Funktion H immer dann ein erstes Integral von (3.1), wenn H die Zeit nicht explizit enthält. Dieses Integral entspricht dann der Gesamtenergie des Systems aus potentieller Energie E_{pot} und kinetischer Energie E_{kin}, $H = E_{pot} + E_{kin}$, falls E_{pot} unabhängig von der Geschwindigkeit $\dot{q}_i$ ist. Für die weiteren Betrachtungen wird stets angenommen, daß H die Zeit nicht enthält.

<u>Anmerkung:</u> Die Form $H = H(\mathbf{q},\mathbf{p})$ der Hamilton-Funktion läßt sich auch für $H(\mathbf{q},\mathbf{p},t)$ stets durch Erweiterung des Zustands- oder Phasenraumes erreichen.

Die Gleichungen (3.1) können zu einer einzelnen Gleichung zusammengefaßt werden. Dazu führt man den Vektor $\mathbf{x} = [x_1\ x_2\ \dots\ x_N]^T$ ein, wobei $N = 2f$ gilt und die einzelnen Komponenten durch $x_i = q_i$ bzw. $x_{i+f} = p_i$ für $i = 1,\dots,f$ gegeben sind. Man erhält dann

$$\dot{\mathbf{x}} = J\left(\frac{\partial H}{\partial \mathbf{x}}\right)^T , \qquad J = \begin{bmatrix} 0 & E \\ -E & 0 \end{bmatrix} , \tag{3.2}$$

mit dem (Nx1)-Vektor $\left(\frac{\partial H}{\partial \mathbf{x}}\right)^T$, oder kurz $\mathbf{H}_x$, der ersten partiellen Ableitungen der Hamilton-Funktion $H(\mathbf{x})$ nach dem Vektor $\mathbf{x}$. Die Gleichung (3.2) entspricht damit wieder der allgemeinen Form (2.1) eines dynamischen Systems.

Betrachtet man nicht nur einzelne periodische Orbits, sondern eine Familie von Orbits oder ein Ensemble von Anfangsbedingungen, dann kann dies durch ein kleines Volumen des Phasenraumes beschrieben werden, das sich unter der Wirkung des Flusses bewegt. Wird die Phasenraumdichte mit $\varrho = \varrho(\mathbf{q},\mathbf{p})$ bezeichnet, und normiert man ϱ mit

$$\int \varrho(\mathbf{q},\mathbf{p}) \prod_i dq_i\, dp_i = 1, \tag{3.3}$$

wobei das Integral über den gesamten Phasenraum zu erstrecken ist, dann stellt $\varrho \prod_i dq_i\, dp_i$ die Wahrscheinlichkeit dar, mit der man den Systemzustand im Volumen $\prod_i dq_i\, dp_i$ antrifft. Für konservative Systeme ist der Fluß im Phasenraum "inkompressibel", d.h. die Divergenz des Flusses verschwindet:

$$\operatorname{div}(\dot{\mathbf{q}},\dot{\mathbf{p}}) = \sum_{i=1}^{f} \left(\frac{\partial^2 H}{\partial q_i \partial p_i} - \frac{\partial^2 H}{\partial p_i \partial q_i}\right) = 0 \ . \tag{3.4}$$

Dies ist das Liouvillesche Theorem über die volumenbewahrende Eigenschaft Hamiltonscher Systeme.

Die Gleichungen (3.1) bzw. (3.2) sind ein im allgemeinen gekoppeltes System von Differentialgleichungen erster Ordnung. Ein gegebenes Hamiltonsches System kann oft durch eine geeignete Transformation der Variablen wesentlich vereinfacht werden. Eine Transformation der Variablen $\mathbf{q},\mathbf{p}$ nach $\mathbf{Q},\mathbf{P}$ wird im allgemeinen von der Art

$$\begin{aligned} \mathbf{Q} &= \mathbf{Q}(\mathbf{q},\mathbf{p}) \ , \\ \mathbf{P} &= \mathbf{P}(\mathbf{q},\mathbf{p}) \end{aligned} \tag{3.5}$$

sein, und die Differentialgleichungen (3.1) gehen dadurch in

$$\begin{aligned} \dot{\mathbf{Q}} &= \dot{\mathbf{Q}}(\mathbf{Q},\mathbf{P}) \ , \\ \dot{\mathbf{P}} &= \dot{\mathbf{P}}(\mathbf{Q},\mathbf{P}) \end{aligned} \tag{3.6}$$

über. Es sei nun der Sonderfall betrachtet, in dem auch (3.6) wieder dieselben Symmetrieeigenschaften wie (3.1) hat, d.h., daß bei Verwendung der transformierten Hamilton-Funktion $H(\mathbf{Q},\mathbf{P})$ die Gleichung (3.6) sich aus

$$\dot{Q} = \frac{\partial H}{\partial P} , \qquad (3.7)$$
$$\dot{P} = - \frac{\partial H}{\partial Q}$$

ergibt.

Eine Transformation, die ein System von Hamiltonschen Differentialgleichungen wieder in ein neues Differentialgleichungssystem dieser Art überführt, wird als kanonische Transformation bezeichnet. Mit der Annahme, daß (3.5) eindeutig und umkehrbar ist, folgt aus dieser Definition:

- Die Umkehrung einer kanonischen Transformation ist kanonisch.
- Die Verknüpfung zweier kanonischer Transformationen ist selbst eine kanonische Transformation.

3.2 Wirkungs-Winkelvariablen

In vielen Gebieten der Physik und vor allem in der Technik sind solche Systeme von Interesse, deren Bewegung periodisch ist. Meist ist man dabei nicht an den Einzelheiten der Bahn, sondern an den Frequenzen der Bewegung interessiert.

Bei periodischen Bewegungen erweist es sich als vorteilhaft, dazu eine ganz bestimmte Wahl von neuen Variablen Q_i und P_i zu treffen. Es gibt zwei Arten von periodischem Verhalten. Entweder entsprechen verschiedene Werte von q_i verschiedenen Lagen des Systems, und q_i und p_i sind periodische Funktionen der Zeit; dann sind sie es auch von der linear damit verknüpften Variablen Q_i: $q_i(Q+\tilde{\omega}) = q_i(Q)$. Oder jedesmal nach einer bestimmten Zunahme von q_i , die gleich 2π gesetzt werden soll, nimmt das System im Konfigurationsraum die gleiche Lage ein. Dann erfolgt die Zunahme von q_i um 2π immer in der gleichen Zeit und es ist $q_i(Q+\tilde{\omega}) = q_i(Q) + 2\pi$. Im ersten Fall spricht man von Libration oder Schwingung, im zweiten von Rotation. Beispiele hierfür sind das hin- und herschwingende und das überschlagende Pendel. In beiden Fällen wird Q_i in ganz bestimmter Weise gewählt und dann Winkelvariable Θ_i genannt. Die zugehörige konjugierte Variable soll Wirkungsvariable I_i heißen.

Die kanonische Transformation auf die Wirkungs- und Winkelvariablen $(\mathbf{I},\boldsymbol{\theta})$ liefert:

$$(\mathbf{p},\mathbf{q}) \Longleftrightarrow (\mathbf{I},\boldsymbol{\theta}) \quad ,$$
$$\mathbf{I} = [I_1 \ I_2 \ \ldots \ I_f]^T \quad , \quad \boldsymbol{\theta} = [\Theta_1 \ \Theta_2 \ \ldots \ \Theta_f]^T \quad . \tag{3.8}$$

Durch diese Transformation geht die gegebene Hamilton-Funktion $H(\mathbf{q},\mathbf{p})$ in die neue Hamilton-Funktion $H(\mathbf{I})$ über. Die neue Hamilton-Funktion hängt nur von den Variablen I_i ab, also nur von der Hälfte der neuen Variablen. Die Bewegungsgleichungen haben dann die einfache Form

$$\dot{I}_i = -\frac{\partial H}{\partial \Theta_i} = 0 \qquad , \quad i = 1,\ldots,f \quad , \tag{3.9}$$

$$\dot{\Theta} = \frac{\partial H}{\partial I_i} = \omega_i(\mathbf{I}) = \text{const} \quad , \quad i = 1,\ldots,f \quad . \tag{3.10}$$

Folglich ist jede Wirkungsvariable eine Bewegungskonstante und die Winkelvariablen sind lineare Funktionen der Zeit. Die Dimension der Wirkungsvariablen ist die des Drehimpulses.

3.3 Integrierbare und nichtintegrierbare Systeme

Die Lage des Systems im Konfigurationsraum wird durch die Koordinaten q_i beschrieben, die man durch Integration von (3.1) mit den Anfangsbedingungen $\mathbf{q}(0)$, $\mathbf{p}(0)$ erhält. In den neuen Variablen ist die Integration der Bewegungsgleichungen besonders einfach. Man findet

$$\mathbf{I}(t) = \mathbf{I}(0) = \text{const.} \quad , \tag{3.11}$$

$$\boldsymbol{\theta}(t) = \boldsymbol{\omega} t + \boldsymbol{\theta}(0) \quad , \tag{3.12}$$

mit dem f-dimensionalen Frequenzvektor $\boldsymbol{\omega}$ und erhält somit $N = 2f$ Konstanten der Bewegung. Ein Hamiltonsches System wird dann als <u>integrierbar</u> bezeichnet, wenn eine Transformation in Wirkungs- und Winkelvariablen als Funktion der Ausgangsvariablen $\mathbf{q},\mathbf{p}$ gefunden werden kann. Die N Konstanten als Funktion von $\mathbf{q},\mathbf{p}$ werden als Integrale bezeichnet. Die Konstanten $\boldsymbol{\omega}$ erhält man mit (3.10), wenn man einmal die f ersten Integrale $\mathbf{I}(\mathbf{q},\mathbf{p})$ gefunden hat. Anstatt das ursprüngliche System kanonischer Differentialgleichungen explizit zu integrieren, ist es also ausreichend, die Variablen $\boldsymbol{\theta}$ in expliziter Form zu finden.

Die Darstellung eines Systems in Wirkungs-Winkelvariablen zeigt, daß ein integrierbares nichtlineares System von f Freiheitsgraden in ein System von f entkoppelten Oszillatoren transformiert werden kann. Das bedeutet, daß dann nichtlineare Versionen von Normal- und Hauptschwingungen existieren. Ein Unterschied besteht jedoch darin, daß für die Eigenfrequenzen jetzt $\omega_i = \omega_i(\mathbf{I})$ gilt, während dies für die Eigenfrequenzen eines harmonischen Oszillators nicht der Fall ist. Eine ausführliche Darstellung von nichtlinearen Normalschwingungen auf der Grundlage von Wirkungs-Winkelvariablen ist in Kreuzer und Weber [1986] zu finden.

Die Existenz von f Integralen I_i bedeutet, daß jede Trajektorie des Systems höchstens in einer f-dimensionalen Mannigfaltigkeit M des 2f-dimensionalen Phasenraums liegen kann. Mit Ausnahme des trivialen Falls $f = 1$, ist die Dimension von M kleiner als die der Energiefläche E, welche (2f-1)-dimensional ist. Man kann zeigen, daß M ein f-dimensionaler Torus ist.

Die Orbits oder Trajektorien sind also an f-dimensionale Tori gebunden. Die Tori werden invariant genannt, da eine Trajektorie, die auf einem Torus startet, für immer auf diesem Torus bleibt. Die Wirkungsvariablen I_i geben die f "Radien" eines Torus an, während die Winkelvariablen Θ_i die f Koordinaten auf dem Torus sind.

Bild 3.1 zeigt einen Torus für den Fall $f=2$. Ein solcher Torus kann eindeutig auf eine Fläche abgebildet werden. Ein Orbit auf dem Torus entspricht einer Geraden auf der Fläche. Jeder Punkt auf dem Torus kann durch Koordinaten Θ_1, Θ_2 repräsentiert werden.

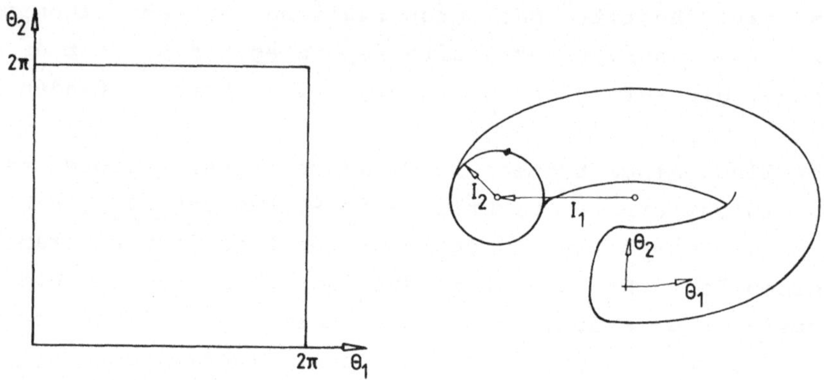

Bild 3.1. Zweidimensionaler Torus der Wirkungs-Winkelvariablen

Geschlossene Trajektorien können nur auftreten, wenn das Frequenzverhältnis

$$\alpha = \frac{\omega_1}{\omega_2} = \frac{m}{n} \quad , \quad m,n \in \mathbf{N} \; , \tag{3.13}$$

rational ist; α wird auch als Windungszahl bezeichnet. Für irrationale Frequenzverhältnisse schließen sich die Kurven nie und bedecken schließlich den Torus vollständig. Das bedeutet Ergodizität auf der Mannigfaltigkeit M, jedoch nicht auf der Energiefläche E, da die Energiefläche durch Tori zerlegt wird. Die Bewegung selbst ist trotzdem nicht von zufälligem Charakter. In Bild 3.2 sind für das rationale Frequenzverhältnis $\omega_2 : \omega_1 = 3 : 2$ und für ein irrationales Frequenzverhältnis die Trajektorien auf dem Torus und der Fläche wiedergegeben.

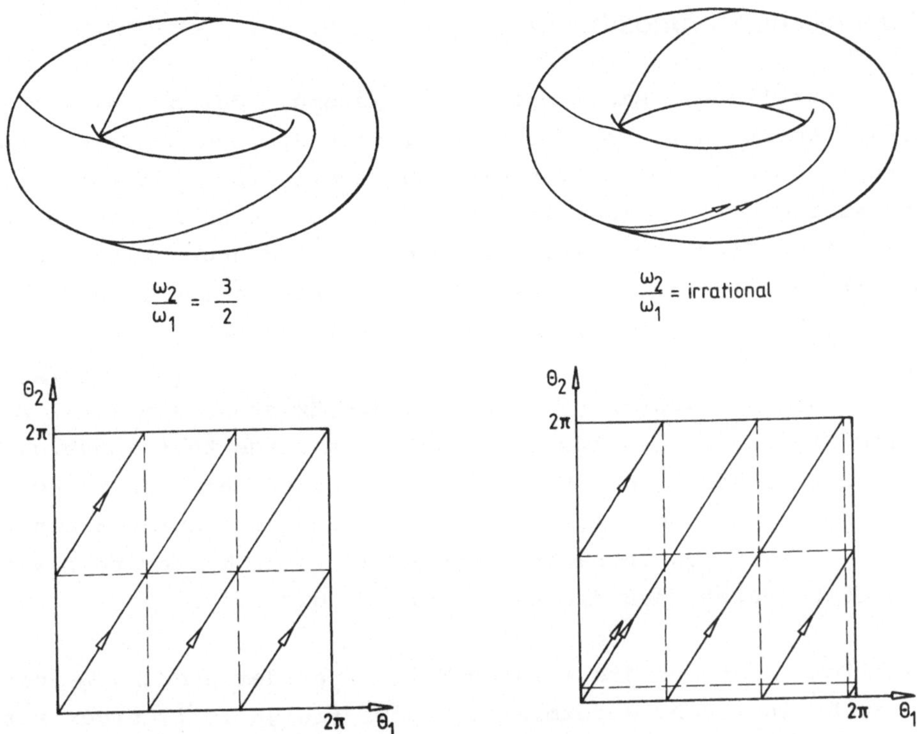

Bild 3.2. Torus und Abwicklung für ein rationales und ein irrationales Frequenzverhältnis

Die Bedingung für geschlossene Trajektorien lautet allgemein für f Freiheitsgrade

$$\mathbf{n} \cdot \boldsymbol{\omega} = n_1\omega_1 + n_2\omega_2 + \ldots + n_f\omega_f = 0 \quad , \quad n_i \in \mathbf{Z} \setminus \{0\} . \tag{3.14}$$

Lange Zeit suchte man in der klassischen Dynamik nach integrablen Systemen; denn sobald die Transformation zur Hamilton-Funktion H(I) gefunden ist, wird das Integrationsproblem trivial. Das Problem der Integration wird also verlagert auf das Finden einer kanonischen Transformation, die die Wirkungs-Winkelvariablen liefert. Aber schließlich konnte Poincaré [1892] zeigen, daß viele Probleme der klassischen Dynamik, wie auch das Dreikörperproblem, nichtintegrierbar sind. Das ist gleichbedeutend damit, daß es keine entsprechenden Transformationen gibt.

3.4 Kanonische Störungstheorie

Die Darstellung Hamiltonscher Systeme durch Wirkungs-Winkelvariablen hat in der kanonischen Störungstheorie große Bedeutung. Die in der Astronomie begründete Störungstheorie erlaubt Aussagen für modifizierte Tori M , wenn man auf einem "ungestörten" Torus M_0 startet. Sind die Störungen klein, dann verbleibt das System, wenn es auf einem ungestörten Torus startet, für sehr lange Zeit in der Nähe des ungestörten Torus.

Diese Methoden sichern jedoch nur die Existenz von Tori M , wenn die Störungsreihen für eine unendlich lange Zeit konvergieren. Die Absicherung der Konvergenz ist jedoch ein sehr schwieriges Problem. Lange bestand die Vermutung, daß durch kleinste Störungen des integrierbaren Systems die Tori M zerstört werden. Dies bedeutet, daß die Reihe für M divergiert.

Tatsächlich bestehen die meisten Tori unter der Störung weiter, wenn auch in leicht deformierter Form. Einige Tori werden zerstört oder lösen sich auf. Diese bilden jedoch nicht eine Menge vom Lebesgue-Maß null , sondern eine Menge, die mit der Störung anwächst. Trajektorien der gestörten Bewegung, die auf den deformierten Tori beginnen, füllen diese überall dicht und quasiperiodisch. Die deformierten Tori bilden eine geschlossene, nirgendwo dichte Menge, deren Lücken mit den Überresten der zerstörten Tori mit rationalen Frequenzverhältnissen gefüllt sind.

Diese Behauptung wurde von Moser [1962] und Arnold [1963a] auf der Grundlage eines Vorschlags von Kolmogorov [1954] streng bewiesen. Daraus entstand das sogenannte KAM-Theorem, welches eines der wenigen sicheren Aussagen auf dem Gebiet der Störungstheorie liefert. Der Beweis dieses Theorems ist lang und verwickelt, die Beweisidee ist jedoch sehr aufschlußreich. Deshalb wird im folgenden nur die Beweisidee skizziert.

Es wird angenommen, daß ein integrables System vorliegt. Dann kann eine Transformation auf Wirkungs- und Winkelvariablen I, θ gefunden werden und die Hamilton-Funktion $H_0(I)$ ist nur eine Funktion von I.

Wird nun dem System H_0 eine nichtintegrierbare Störung $\varepsilon H_1(I,\theta)$, $\varepsilon \ll 1$, auferlegt, dann geht das ursprüngliche System über in

$$H(I,\theta) = H_0(I) + \varepsilon H_1(I,\theta) \quad . \tag{3.15}$$

Die Variablen I und θ sind kanonisch, jedoch nicht länger Wirkungs-Winkelvariablen, da auch θ in der neuen Hamilton-Funktion auftritt; I ist also nicht länger Konstante der Bewegung. Falls für die Hamilton-Funktion H Tori existieren, dann muß es neue Wirkungs-Winkelvariablen I', θ' geben, so daß gilt:

$$H(I,\theta) = H'(I') \quad . \tag{3.16}$$

Die neuen Variablen müssen mit den alten durch eine kanonische Transformation $(I,\theta) \rightarrow (I',\theta')$ mit der Wirkungsfunktion $S(\theta,I')$ verknüpft sein:

$$I = \frac{\partial S}{\partial \theta} \quad , \quad \theta' = \frac{\partial S}{\partial I'} \quad . \tag{3.17}$$

Eingesetzt in (3.15) folgt

$$H(\frac{\partial S(\theta,I')}{\partial \theta},\theta) = H'(I') \quad , \tag{3.18}$$

als Bedingung, welche durch S erfüllt werden muß. Die Frage nach dem Weiterbestehen der Tori reduziert sich also auf die Frage, ob (3.18) gelöst werden kann.

Es ist naheliegend, die Lösung von S in der Form einer Potenzreihe für den Störungsparameter ε zu suchen. Der erste Term sei $\theta I'$, was die Identitiät $\theta' = \theta$, $I' = I$ liefert.

Man macht also den Ansatz

$$S = \theta I' + \varepsilon S_1(\theta, I') + \ldots , \tag{3.19}$$

der eingesetzt in (3.18) mit (3.15) auf

$$H_0(I' + \varepsilon \frac{\partial S_1}{\partial \theta} + \ldots) + \varepsilon H_1(I' + \ldots , \theta) = H'(I') \tag{3.20}$$

führt.

Daraus folgt bis zu Termen der Ordnung ε

$$H_0(I') + \varepsilon \left[\frac{\partial H_0(I')}{\partial I'} \frac{\partial S_1}{\partial \theta} + H_1(I', \theta) \right] = H'(I') \quad , \tag{3.21}$$

wobei

$$\frac{\partial H_0(I')}{\partial I} = \omega_0(I') \tag{3.22}$$

der Frequenzvektor der ungestörten Bewegung ist und

$$H_1(I', \theta) = \sum_{\mathbf{n} \neq 0} H_{1,\mathbf{n}}(I') \, e^{i\mathbf{n} \cdot \theta} \tag{3.23}$$

gilt. Da H_1 eine Funktion von $\mathbf{p}$ und $\mathbf{q}$ ist und diese periodisch in θ sind, ist auch S periodisch in θ mit einer willkürlichen Konstante, die gleich null sein soll. So findet man

$$S_1(\theta, I') = \sum_{\mathbf{n} \neq 0} S_{1,\mathbf{n}}(I') \, e^{i\mathbf{n} \cdot \theta} \quad . \tag{3.24}$$

Berechnet man die Fourierkoeffizienten dieser Reihe, so erhält man schließlich die Wirkungsfunktion für die neuen Tori zu

$$S(\theta, I') = \theta I' + \varepsilon \, i \sum_{\mathbf{n} \neq 0} \frac{H_{1,\mathbf{n}}(I')}{\mathbf{n} \cdot \omega_0(I')} \, e^{i\mathbf{n} \cdot \theta} \quad . \tag{3.25}$$

Aus dieser Gleichung ergibt sich nun das fundamentale Problem der kleinen Nenner, Arnold [1963b]. Wenn die Frequenzen ω_0 des ungestörten Problems kommensurabel sind, d.h., wenn die Orbits geschlossen sind und die Grundfrequenzen in Resonanz sind, dann gibt es stets $\mathbf{n}$, für die analog zu (3.14) gilt

$$\omega_0 \bullet \mathbf{n} = 0 \quad . \tag{3.26}$$

Für diese $\mathbf{n}$ werden in (3.25) Terme unendlich und die Reihe divergiert. Außerdem kann für inkommensurable ω_0 stets ein $\mathbf{n}$ gefunden werden, für das $\omega_0 \bullet \mathbf{n}$ sehr klein wird. Werden also die Reihen (3.25) überhaupt konvergieren? Eine Antwort gibt das KAM-Theorem.

Das Theorem besagt, daß es für einen gegebenen Frequenzvektor ω_0 möglich ist, eine Zahl K zu finden, die von ω_0, aber nicht von $\mathbf{n}$ abhängt, für die die Ungleichung

$$|\mathbf{n} \bullet \omega_0| \geq K(\omega_0)\ |\mathbf{n}|^{-(N+1)} \tag{3.27}$$

für alle $\mathbf{n} \neq 0$ erfüllt ist mit $|\mathbf{n}| \equiv \sum_{i=1}^{f} |\mathbf{n}_i|$. Bedingung (3.27) wird oft als KAM-Bedingung bezeichnet. Damit kann gezeigt werden, daß es für ein gegebenes inkommensurables ω_0 eine Zahl K gibt, für welche die Reihe (3.25) konvergiert.

Der zentrale Gesichtspunkt des KAM-Theorems ist also, daß die Reihe (3.25) ersetzt wird durch eine Serie schrittweiser Approximationen des erwarteten neuen Torus. Jeder Torus, generiert mit einer vorhergehenden Annäherung, ist Ausgangspunkt für die nächste Annäherung, d.h., die Näherungen werden nicht ausgedrückt als Funktion der Variablen des ungestörten Torus. Das zentrale Ergebnis ist, daß der Prozeß der Generierung gestörter Tori beinahe immer konvergiert für kleine ε. Deshalb werden die meisten Trajektorien auf den f-dimensionalen Tori M für alle Zeiten weiterbestehen und nicht die ganze (2f-1)-dimensionale Energiefläche einnehmen.

3.5 Chaotisches Verhalten flächenbewahrender Abbildungen

Zur Untersuchung des komplizierten Verhaltens eines gestörten Hamiltonschen Systems ist die Poincaré-Abbildung bestens geeignet. Beschränkt man sich auf Systeme mit $f=2$ Freiheitsgraden, dann ist die entsprechende Poincaré-Abbildung zweidimensional. Viele faszinierende Eigenschaften Hamiltonscher Systeme können anhand der Poincaré-Abbildung studiert werden. Man legt die Schnittfläche Σ so, daß sie den Torus transversal schneidet. Durch die Schnittfläche Σ wird eine Poincaré-Abbildung P_ε definiert, für die als Konsequenz des Liouvilleschen Theorems gilt, daß sie flächenbewahrend ist.

Ist die Bewegung k-periodisch, also eine P-k Bewegung, dann wird die Schnittfläche Σ in k Punkten durchstoßen, Bild 3.3. Die Punkte können als Fixpunkte angesehen werden. Ist ein Orbit quasiperiodisch, aber auf den Torus gebunden, dann werden die aufeinanderfolgenden Schnittpunkte eine geschlossene, invariante Kurve in Σ beschreiben. Eine Trajektorie, die auf einen zerstörten Torus mit rationalem Frequenzverhältnis zurückgeht, füllt den Bereich zwischen zwei Tori aus und hinterläßt in der Schnittfläche eine ungeordnete Menge von Punkten in einem zweidimensionalen Gebiet.

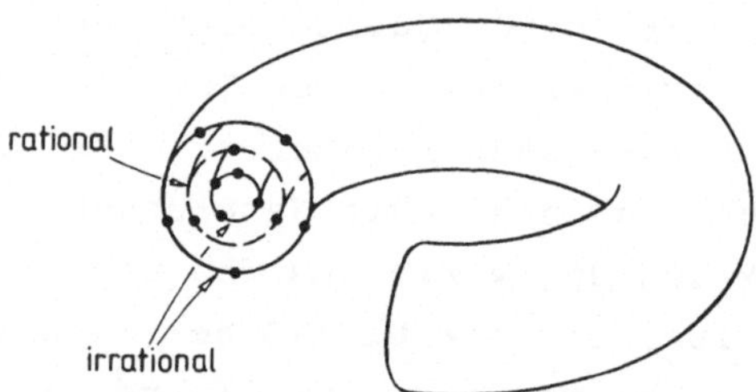

Bild 3.3. Schnittfläche durch Tori mit rationalem und irrationalem Frequenzverhältnis

3.5.1 Instabile Tori

In Abschnitt 3.4 wurde bereits erwähnt, daß unter einer kleinen Störung die meisten irrationalen Tori in leicht deformierter

Form weiterbestehen. Dies gilt jedoch nicht für die Tori mit rationalem Frequenzverhältnis α . Das Poincaré-Birkhoff Theorem, Birkhoff [1950], besagt nun, daß der ursprüngliche Torus mit rationalem α aufgrund der Störung nicht vollständig zerstört wird, sondern eine gerade Zahl von Fixpunkten erhalten bleibt. Dabei wechseln sich elliptische und hyperbolische Fixpunkte ab.

Die Stabilitätseigenschaften dieser beiden Fixpunkte, die die einzigen möglichen Typen von singulären Punkten in Hamiltonschen Systemen sind, falls die charakteristische Gleichung nur einfache Nullstellen hat, können gemäß Kapitel 2 leicht studiert werden. Die flächenbewahrende Eigenschaft von P_ε wird durch die Bedingung $|\det Dg| = 1$ ausgedrückt.

Betrachtet man zunächst die elliptischen Fixpunkte genauer, dann zeigt sich, daß sie selbst wieder von kleineren Tori umgeben sind, für die folglich die obige Diskussion in gleicher Weise gilt. Vor allem existieren entsprechend dem KAM-Theorem wiederum stabile Tori und solche, die gemäß dem Poincaré-Birkhoff Theorem in Fixpunkte zerfallen. Dieses Verhalten setzt sich unendlich oft fort. Jeder elliptische Punkt liefert dann bei Vergrößerung das gleiche Bild und stellt somit einen Mikrokosmos dar. Die selbstähnliche Struktur, die sich daraus ergibt, ist in Bild 3.4 schematisch wiedergegeben.

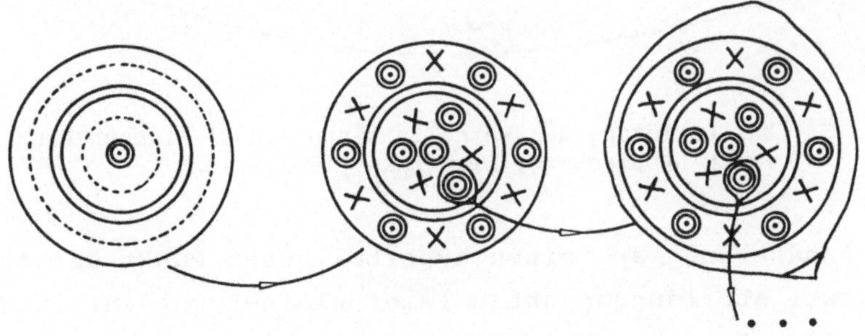

Bild 3.4. Struktur der instabilen Tori

3.5.2 Homoklinische Punkte und chaotisches Verhalten

Das Verhalten in der Umgebung der hyperbolischen Fixpunkte wird durch die invarianten Mannigfaltigkeiten bestimmt. Entsprechend Kapitel 2 laufen zwei stabile Mannigfaltigkeiten W^- auf den Fixpunkt zu und zwei instabile Mannigfaltigkeiten W^+ von ihm weg. Infolge der Störung laufen die Mannigfaltigkeiten W^-, W^+ zweier benachbarter hyperbolischer Punkte nicht glatt ineinander, sondern schneiden sich in einem Punkt p, der nicht Fixpunkt ist, transversal. Ein solcher Schnittpunkt wird homoklinisch genannt, da er aus den Mannigfaltigkeiten einer Trajektorie hervorgeht (Schnittpunkte, die infolge benachbarter Resonanztrajektorien entstehen, werden heteroklinisch genannt, vgl. Anmerkung Abschnitt 2.8.3). Man kann leicht zeigen, daß ein homoklinischer Punkt p unendlich viele Punkte p',p",... zur Folge hat, Bild 3.5.

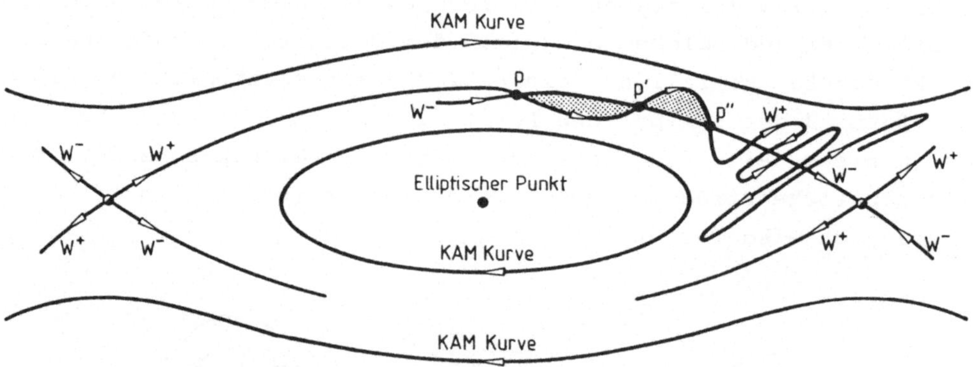

Bild 3.5. Zur Erklärung des Verhaltens von homoklinischen Punkten (nach Lichtenberg, Lieberman [1983])

Da bei Annäherung an einen hyperbolischen Punkt die Abstände zwischen zwei Abbildungspunkten immer kleiner werden, liegen die Punkte p', p" näher beisammen als die Punkte p, p'. Da die schraffierten Flächen ineinander abgebildet werden und den gleichen Flächeninhalt haben, was aus der flächenbewahrenden Eigenschaft folgt, oszilliert W^+ zwischen p', p" stärker als zwischen p, p' . Nachfolgende Schnittpunkte rücken immer näher zusammen und haben deshalb eine immer größer werdende Oszilation zur Folge. Dasselbe gilt für alle anderen stabilen und instabilen Mannigfaltigkeiten. Stets gilt jedoch, daß sich eine Mannigfaltigkeit nicht selbst schneiden kann.

In der Umgebung eines jeden hyperbolischen Punktes erhält man dasselbe Bild, und das wiederholt sich außerdem in jedem der elliptischen Punkte von Bild 3.4. Die daraus resultierenden Trajektorien füllen den zur Verfügung stehenden Raum dicht aus. Diese ungemein komplizierte Struktur wurde bereits von Poincaré [1892] bei der Untersuchung des Dreikörperproblems entdeckt. Dies war der erste Hinweis auf irreguläres oder chaotisches Verhalten in deterministischen konservativen Systemen. Das Auftreten homoklinischer Punkte ist eine notwendige Voraussetzung für das Entstehen chaotischer Bewegungen in konservativen Systemen. Eine sehr schöne Darstellung, die das koexistierende Auftreten von stabilen Tori und dazwischenliegenden chaotischen Bereichen wiedergibt, zeigt Bild 3.6. Man beachte die regulären KAM Tori um das Zentrum und um die elliptischen Orbits, welche zusammen mit den chaotischen Gebieten die Lücken zwischen den KAM Tori füllen. Die chaotischen Gebiete sind für kleine Störungen sehr schmal und werden deshalb auch oft als stochastische Schichten bezeichnet. Diese Schichten sind numerisch schwer nachzuweisen. Ein Vergrößerung der Umgebung elliptischer Orbits liefert dasselbe Bild, usw.

Da homoklinische Punkte auf nichtintegrierbare Systeme zurückgehen, können sie nur numerisch gefunden werden. Sie können als praktische Tests für die Nichtintegrierbarkeit angesehen werden, da keine analytischen Integrale existieren, falls homoklinische Punkte auftreten. Zur Berechnung der invarianten Mannigfaltigkeiten wird, wie das bereits in Abschnitt 2.8.3 angedeutet wurde, auf ein kleines Linienelement des jeweiligen Eigenraumes nahe des hyperbolischen Punktes die Poincaré-Abbildung P_ε wiederholt angewandt.

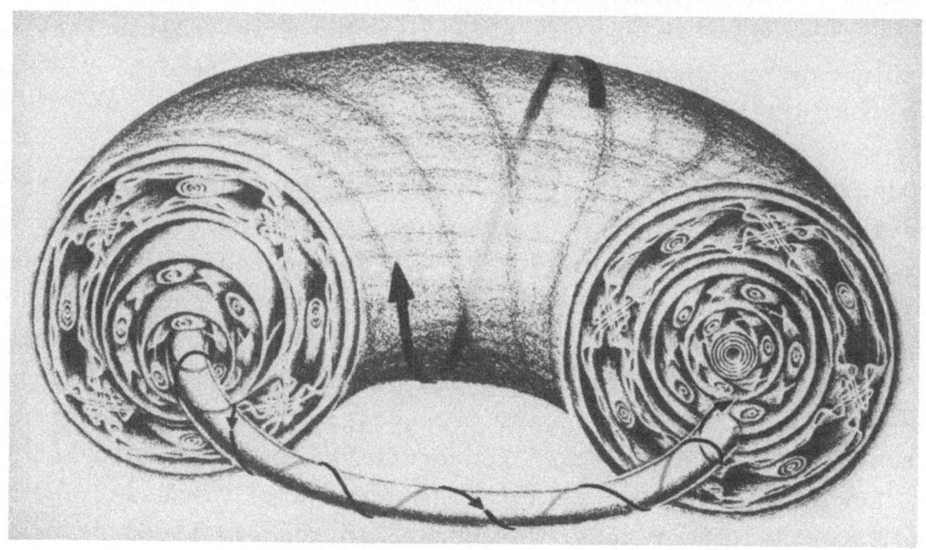

Bild 3.6. KAM Tori eines Systems mit f=2 Freiheitsgraden, (aus Abraham und Marsden [1978])

Viele Eigenschaften in der Umgebung hyperbolischer und homoklinischer Punkte wurden erst mit Hilfe der sogenannten symbolischen Dynamik erklärt. Durch Ausnutzung der Analogien, die zwischen Poincaré-Abbildungen und bekannten geometrischen Abbildungen bestehen, kann das komplizierte Verhalten Hamiltonscher Systeme sehr anschaulich untersucht werden. Die meisten Arbeiten zur symbolischen Dynamik gehen auf Smale [1967] zurück, in der die berühmte Hufeisenabbildung zum Studium des Verhaltens von zweidimensionalen Poincaré-Abbildungen mit hyperbolischen Punkten eingeführt wurde. Für eine ausführliche Diskussion wird auf Guckenheimer und Holmes [1983] und Kreuzer [1982] verwiesen.

3.6 Stabilität mehrdimensionaler Hamiltonscher Systeme

Für leicht gestörte Hamiltonsche Systeme ist für den Fall von bis zu zwei Freiheitsgraden, $f \leq 2$, die Frage nach der Stabilität im Großen entsprechend den Aussagen des KAM-Theorems beantwortet. Die irregulären Orbits, welche durch die Gebiete wandern, in denen sich rationale Tori aufgelöst haben, sind eingeschlossen zwischen verbliebenen irrationalen Tori. Für eine gegebene Energie verbleibt also in der entsprechenden dreidimensionalen Energiefläche jeder Orbit zwischen benachbarten zweidimensionalen Tori und ist damit begrenzt für alle Zeiten.

Für mehr als zwei Freiheitsgrade, $f > 2$, ist dies jedoch sehr wahrscheinlich nicht länger allgemein gültig, seit Arnold [1964] an einem Beispiel gezeigt hat, daß es Orbits gibt, die die Umgebung entfernter Tori verknüpfen. Dieses Phänomen, das als "Arnold-Diffusion" bezeichnet wird, ist in Bild 3.7 dargestellt. Die Arnold-Diffusion bedeutet, daß für $f > 2$ die Existenz von invarianten Tori für die gestörte Bewegung keine Garantie für die Stabilität der Bewegung ist, da die irregulär wandernden Orbits beliebig nahe bei den Tori liegen.

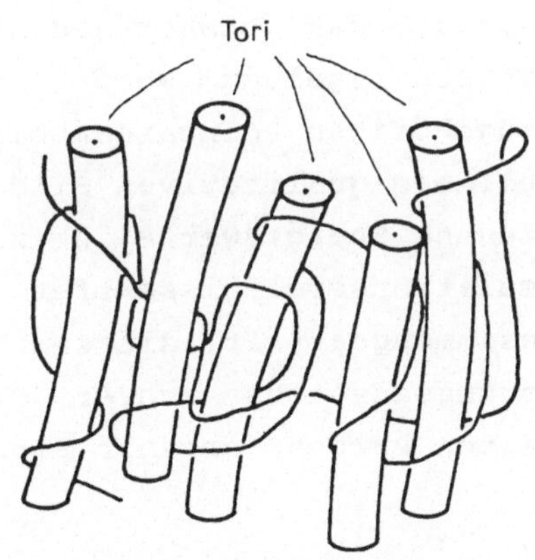

Bild 3.7. Arnold-Diffusion (aus Berry [1978])

3.7 Hénon-Heiles System

Um sich vom Verhalten konservativer dynamischer Systeme eine klare Vorstellung zu machen, sind numerische Untersuchungen nützlich und im Fall nichtintegrierbarer Systeme im allgemeinen sogar die einzige Möglichkeit. In chaotischen Regionen sind jedoch dabei stets auch Effekte zu beachten, die nur infolge von Rundungsfehlern entstehen können.

Ein bekanntes Beispiel eines nichtintegrierbaren Hamiltonschen Systems, das viele der bisher diskutierten Eigenschaften aufweist, geht auf Hénon und Heiles [1964] zurück. Sie benutzten die Hamilton-Funktion

$$H(\mathbf{q},\mathbf{p}) = \underbrace{\frac{1}{2}\left[p_1^2 + p_2^2 + q_1^2 + q_2^2\right]}_{H_0} + \underbrace{q_1^2 q_2 - \frac{q_2^3}{3}}_{\varepsilon H_1} \quad , \tag{3.28}$$

wobei der erste Term H_0 das ungestörte System und εH_1 die kleine Störung beschreibt. Das durch (3.28) definierte System ist eines der einfachsten nichtintegrierbaren Systeme mit mehr als einem Freiheitsgrad, das bisher jedoch weder global noch bereichsweise analytisch gelöst werden konnte. Numerische Untersuchungen der zugehörigen Poincaré-Abbildungen erlauben es jedoch, relativ schnell ein qualitatives Bild der Bewegungen des Systems für verschiedene Energiewerte h zu erhalten. In Bild 3.8 sind die Simulationsergebnisse für vier verschiedene Energiewerte h zusammengestellt, die zum Vergleich durch die Resultate eines Störungsansatzes achter Ordnung, wie sie von Gustavson [1966] erhalten wurden, ergänzt sind.

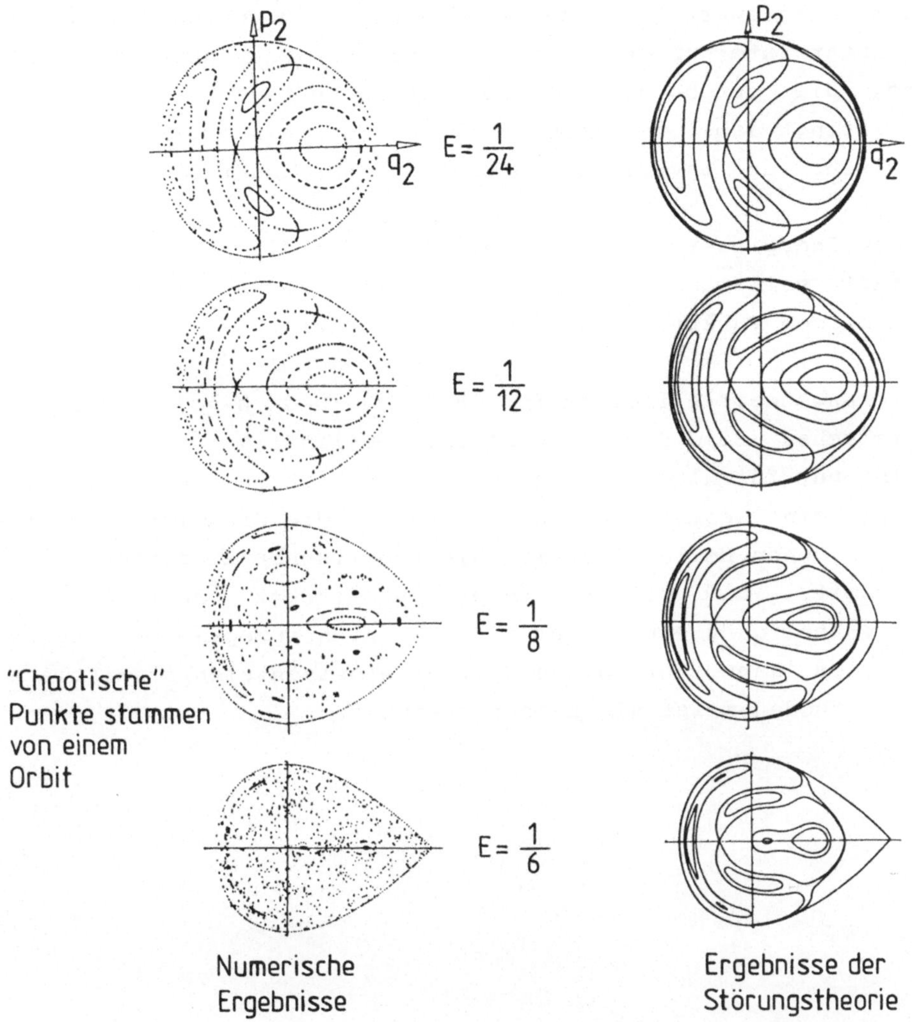

Bild 3.8. Poincaré-Abbildungen für das Hénon-Heiles System

Für die Energiewerte h = 1/24 und h = 1/12 erscheinen nur invariante Kurven, die auch fast gleichartig von der Störungstheorie geliefert werden. Eine Vergrößerung der numerisch erzeugten Bilder würde jedoch offenbaren, daß die Schnittfläche auch sehr dünne stochastische Schichten enthält. Man erkennt außerdem drei hyperbolische Fixpunkte, deren Separatrizen vier elliptische Fixpunkte bzw. invariante Kurven umschließen.

Für den Energiewert $h = 1/8$ sind drei Arten von Orbits erkennbar: invariante Kurven um die elliptischen Fixpunkte, eine P-5 Lösung, die durch die kleinen Inseln repräsentiert wird (ein Orbit springt dabei von Insel zu Insel) und ein Orbit der regellos zwischen den invarianten Gebieten umherwandert.

Für den Energiewert $h = 1/6$ verschwinden die invarianten Kurven fast vollständig, es erscheint ein großer chaotischer Bereich, dessen Punkte von einem Orbit produziert werden.

Die Störungstheorie liefert für $h = 1/8$ und $h = 1/6$ ein völlig falsches Bild der tatsächlichen qualitativen Verhältnisse, ist also nur für kleine Energiewerte hinreichend genau. Dies ist wiederum ein wesentliches Anzeichen für die Nichtintegrierbarkeit des Hénon-Heiles Systems. Die numerischen Experimente zeigen damit, daß bei Auftreten chaotischer Orbits in der Poincaré-Abbildung ein System i.a. als nichtintegrierbar angesehen werden kann. Für solche Systeme erweisen sich statistische Lösungsmethoden meist als besser geeignet.

4 Nichtkonservative Systeme

Technische dynamische Systeme sind gewöhnlich dissipativ und zählen daher zu den nichtkonservativen Systemen. Eine wichtige Eigenschaft dissipativer Systeme ist, daß sich ein Volumenelement des Phasenraumes unter der Wirkung des Flusses zusammenzieht und schließlich der Volumeninhalt null wird. Nach diesem Übergang wird sich der Systemzustand meistens auf einem Attraktor befinden, dessen Dimension kleiner ist als die des ursprünglichen Phasenraumes. Das Langzeitverhalten nichtkonservativer Systeme ist daher i.a. leichter vorherzusagen als das konservativer Systeme.

Lange Zeit beschränkte sich das Studium dissipativer Systeme auf die Untersuchung des regulären Verhaltens, das sich auf so einfachen Attraktoren wie Punkten, Grenzzykeln oder Tori abspielt, die stationäres Verhalten wie Ruhe, periodisches oder quasiperiodisches Verhalten kennzeichnen. Das Studium dissipativer Systeme erhielt jedoch eine neue Richtung, als Lorenz [1963] in einem einfachen nichtlinearen dissipativen System regelloses, scheinbar zufälliges Verhalten auf einem attraktiven Gebilde des Phasenraumes feststellte. Solche attraktiven Unterräume, die weder Fixpunkt noch Grenzzykel noch Torus sind, wurden in vielen Systemen gefunden und von Ruelle und Takens [1971] als "strange attractors", zu deutsch auch "seltsame Attraktoren", bezeichnet. Die Topologie dieser seltsamen Attraktoren ist durch Selbstähnlichkeit gekennzeichnet, d.h. Poincaré-Abbildungen zeigen geometrische Invarianz, indem sich die Struktur auf immer feineren Skalen wiederholt. Die Bewegung auf den seltsamen Attraktoren ist durch starke Empfindlichkeit gegenüber Änderungen der Anfangsbedingungen gekennzeichnet. Die Form des Attraktors ist für alle Anfangsbedingungen gleich, sie ist "strukturstabil".

Das Verhalten eines dynamischen Systems kann sich qualitativ grundlegend ändern, wenn ein Parameter geändert wird. Bei dissipativen Systemen hat dies zur Folge, daß sich die Form eines Attraktors ändert und ein Übergang von regulärem zu chaotischem Verhalten beobachtet wird.

Das typische Verhalten technischer nichtkonservativer Systeme wird durch Attraktoren beschrieben. Darum ist das Studium der Attraktoren und deren Umgebung von besonderer praktischer Bedeutung. Andererseits können sehr häufig mehrere Attraktoren in einem interessierenden Bereich des Zustandsraumes auftreten. Man spricht dann von Koexistenz verschiedener Attraktoren. Man ist dann natürlich außer an dem Attraktor selbst auch daran interessiert, wie die entsprechenden Einzugsgebiete der Attraktoren aussehen. Analytische Lösungen für diese Probleme können meist nicht gefunden werden. Die Kenntnisse über das Bewegungsverhalten beruhen deshalb auf numerischen Untersuchungen abgestützt durch geometrische Betrachtungen.

Im folgenden wird zunächst eine Definition von Attraktoren angegeben, die sich für die Belange der angewandten Dynamik bewährt hat. Die Mechanismen zur qualitativen Änderung von Attraktoren und zur Entstehung von seltsamen Attraktoren sind natürlich von großer praktischer Bedeutung und werden deshalb ausführlich behandelt. Dann wird eine Charakterisierung von Attraktoren anhand einiger Merkmale vorgenommen. Schließlich erfolgt die ausführliche Beschreibung einer modifizierten Duffing-Gleichung, die auch als Beispiel für die nachfolgenden Kapitel verwendet wird.

4.1 Attraktoren

Bei der Untersuchung dissipativer Systeme geht man entweder von einem kontinuierlichen System aus, das durch N gewöhnliche

Differentialgleichungen beschrieben wird, die in

$$\dot{\mathbf{x}} = \mathbf{f}(\mathbf{x}) \tag{4.1}$$

zusammengefaßt sind, oder von einem zeitdiskreten System, das durch N Differenzengleichungen festgelegt ist, die in der Punktabbildungsvorschrift

$$\mathbf{x}(n+1) = \mathbf{g}(\mathbf{x}(n)) \tag{4.2}$$

zusammengefaßt sind. Wird als Raum der Anfangsbedingungen der gesamte euklidische Phasenraum $\mathbf{R}^N$ zugelassen, dann wird sich der dem System zugängliche Raum im Laufe der Zeit auf einen niedriger dimensionalen Unterraum des $\mathbf{R}^N$ zusammenziehen, d.h. die Zahl der zur Beschreibung der Dynamik notwendigen Zustandsvariablen reduziert sich.

4.1.1 Volumenkontraktion

Die momentane Volumenänderungsrate eines N-dimensionalen kontinuierlichen Systems (4.1) ist definiert durch

$$\Lambda(\mathbf{x}) = \sum_{i=1}^{N} \frac{\partial f_i}{\partial x_i}(\mathbf{x}) = \operatorname{div} \mathbf{f}(\mathbf{x}) \quad , \tag{4.3}$$

wobei zu beachten ist, daß (4.3) eine lokale Größe beschreibt, die in Abhängigkeit von $\mathbf{x}(t)$ positiv (expandierend) oder negativ (kontrahierend) sein kann. Für dissipative Systeme ist die gemittelte Volumenänderungsrate $\bar{\Lambda}$ entlang jeder Trajektorie die zu einem Attraktor führt negativ, d.h., unter dem Fluß φ_t kontrahiert das Volumen.

Für eine N-dimensionale Punktabbildung (4.2) ist die lokale Volumenänderung durch den Faktor $|\det \mathbf{Dg}(\mathbf{x})|$ für jeden Abbildungsschritt bestimmt, wobei $\mathbf{Dg}(\mathbf{x})$ die Jacobimatrix der Abbildung ist. Die lokale Volumenkontraktion wird dann durch

$$\Lambda(\mathbf{x}) = \ln |\det \mathbf{Dg}(\mathbf{x})| \tag{4.4}$$

repräsentiert, über die zur Bestimmung der durchschnittlichen Kontraktion wieder entlang jeder Trajektorie zu mitteln ist. Ist $|\det D\mathbf{g}(\mathbf{x})|$ an jeder Stelle $\mathbf{x}$ gleich eins, dann ist die Abbildung (4.2) volumenbewahrend oder konservativ. Bei dissipativen Systemen ist der über eine Punktfolge gemittelte Wert von $|\det D\mathbf{g}(\mathbf{x})|$ kleiner eins.

Für allgemeine dissipative Systeme, deren Volumenänderungsrate $\Lambda(\mathbf{x})$ eine beliebige Funktion von $\mathbf{x}$ ist, kann die gemittelte Volumenänderungsrate $\bar{\Lambda}$ schwer bestimmt werden. Es gibt jedoch eine Reihe wichtiger Beispiele in der angewandten Dynamik, für die $\Lambda(\mathbf{x}) = -c$ mit der positiven Konstanten c gilt. Die Volumenänderungsrate ist dann überall im Phasenraum gleich.

Volumenkontraktion bedeutet jedoch nicht gleichzeitig Längenkontraktion. Es kommt vor, daß sich trotz der Kontraktion eines Volumenelements auf das Volumen null die Abstände zweier zunächst beliebig nahe beieinanderliegender Punkte vergrößern.

4.1.2 Definition von Attraktoren

Die Volumenkontraktion in einem dissipativen System hat zur Folge, daß sich ein Volumen $V \subset \mathbf{R}^N$ mit $\varphi_t(V) \subset V$, $\forall t > 0$, unter der Wirkung des Flusses i.a. auf einen Attraktor A niederer Dimension, $\dim(A) < N$, zusammenzieht. Trajektorien $\mathbf{x}(\mathbf{x}_0, t)$, $\mathbf{x}_0 \in V \backslash A$ heißen Transiente; sie nähern sich asymptotisch dem Attraktor und beschreiben das Übergangsverhalten im Einzugsbereich des Attraktors.

Eine ausführliche Beschreibung der Eigenschaften, die ein Attraktor erfüllen muß, ist zusammen mit Definitionen und Beweisen bei Ruelle [1981] zu finden. Bis heute gibt es jedoch keine Definition, die als endgültig angesehen werden kann. Die folgende Definition von Attraktoren stützt sich auf Eckmann [1981]; es sei auch auf Abschnitt 2.8 verwiesen.

Definition: Ein Attraktor eines Flusses φ_t ist eine kompakte Menge A mit den Eigenschaften:

1. A ist invariant unter dem Fluß φ_t, $\varphi_t(A) = A \; \forall t$.

2. A hat eine offene Umgebung U , die sich unter dem Fluß φ_t auf A zusammenzieht: $\lim_{t\to\infty} \varphi_t(U) = A$. D.h. für $x \in U$ gilt, daß die ω-Grenzmenge in A enthalten ist.

3. Der Fluß auf A ist wiederkehrend, d.h. kein Teil von A ist transient.

4. A kann nicht in nichttriviale, abgeschlossene, invariante Mengen zerlegt werden.

Das Einzugsgebiet oder Bassin von A ist durch die offene Menge aller Anfangsbedingungen $\mathbf{x}$ definiert, für die $\lim_{t\to\infty} \varphi_t(\mathbf{x}) \in A$ gilt. Der Attraktor A ist ω-Grenzmenge aller Punkte des Einzugsgebietes.

Anmerkung: Für die angewandte Dynamik sind nur Attraktoren von Bedeutung. Die Definition schließt deshalb instabile Fixpunkte, wie z. B. Gleichgewichtslagen oder Sattelpunkte aus.

Die für kontinuierliche Systeme angegebene Definition gilt auch für diskrete Systeme, wenn man φ_t durch $\mathbf{g}$ und die kontinuierliche Zeit t durch die diskrete Zeit n ersetzt, vgl. Abschnitt 2.5.

Für eindimensionale Flüsse sind nur stabile Fixpunkte als Attraktoren möglich. Nach dem Poincaré-Bendixson Theorem, Hirsch und Smale [1974], können im Fall zweidimensionaler dynamischer Systeme als Attraktoren nur stabile Fixpunkte wie Strudel- und Knotenpunkte und Grenzzykel auftreten. In drei- und höherdimensionalen Phasenräumen sind zusätzlich auch Torusattraktoren möglich. Alle bisher genannten Attraktoren sind Mannigfaltigkeiten.

Anmerkung: Es ist auch möglich, daß für ein System ein attraktiver Torus existiert, der Torus selbst jedoch kein Attraktor ist. Zweifach periodische Lösungen auf einem Torus, die durch ein rationales Frequenzverhältnis gekennzeichnet sind, erfüllen z. B. die Bedingungen 3. und 4. nicht, da verschiedene Anfangsbedingungen i.a. zu verschiedenen geschlossenen Trajektorien auf dem Torus führen. Ein solcher Torus ist also in beliebig viele Trajektorien zerlegbar. Ist das Frequenzverhältnis irrational, d.h. die Bewegung quasiperiodisch, so bedeckt die Trajektorie den Torus im Laufe der Zeit dicht, es liegt dann ein Attraktor im Sinne der Definition vor. Ein Attraktor ist also nicht nur dann gegeben, wenn die entsprechende Menge attraktiv ist, sondern wenn fast alle Trajektorien auf ihr ergodisch sind, d.h. jedem Punkt beliebig nahe kommen.

Die Worte "fast alle" bedeuten hier und im folgenden, daß eine Bedingung oder Aussage mit Ausnahme für eine Menge von Elementen vom Lebesgue-Maß null gültig ist.

Torusattraktoren mit höheren Dimensionen als zwei sind in der angewandten Dynamik äußerst selten und werden deshalb nicht betrachtet. Dagegen treten jedoch oft Attraktoren mit nichtvorhersagbarem, irregulärem oder chaotischem Verhalten auf, die sogenannten seltsamen Attraktoren. Diese Attraktoren sind keine Mannigfaltigkeiten mehr. Sie bilden ω-Grenzmengen im Phasenraum, die ebenfalls einen Unterraum des $\mathbf{R}^N$ mit niedriger Dimension einnehmen. Für sie gilt jedoch zusätzlich, daß die Bewegung auf dem Attraktor durch exponentielle Divergenz benachbarter Trajektorien gekennzeichnet ist, was eine Folge der Längenzunahme in einzelnen Richtungen ist. Das bewirkt die Empfindlichkeit der Bewegung bezüglich kleiner Änderungen der Anfangsbedingungen. Solche Bewegungen werden chaotisch genannt, da sie nicht periodisch und zeitlich weit auseinanderliegende Zustände unkorreliert sind, Ott [1981]. Für chaotische Bewegungen ist eine Langzeitvorhersage unmöglich, der Attraktor selbst bewahrt jedoch seine topologische Struktur, ist also invariant.

Beispiele seltsamer Attraktoren wurden in dreidimensionalen kontinuierlichen Systemen in größerer Zahl entdeckt. Am bekanntesten ist wohl das von Lorenz [1963] angegebene Modell einer Konvektionsströmung zur Beschreibung des Verhaltens der Atmosphäre. Dieses System von drei gewöhnlichen Differentialgleichungen zeigt für einen Bereich der Systemparameter irreguläres, nichtperiodisches Verhalten auf einem komplizierten

Attraktor. Die von Lorenz angegebenen Gleichungen dienen auch als mathematisches Modell für eine Reihe anderer physikalischer Systeme, wie z.B. das Wasserrad, den Scheibendynamo, Sparrow [1982], und den Laser, Haken [1983].

Für die Attraktoren dreidimensionaler Flüsse können mit Poincaré's Schnittflächenmethode leicht die entsprechenden Attraktoren der Punktabbildungen ermittelt werden. Ein Grenzzykel wird durch einen Punkt, ein P-k periodischer Attraktor durch k isolierte Punkte, ein Torusattraktor durch eine geschlossene Kurve von Punkten und ein seltsamer Attraktor durch eine Menge von Punkten repräsentiert, die eine komplizierte Figur bilden.

Seltsame Attraktoren von Punktabbildungen müssen nicht auf kontinuierliche Systeme zurückgehen. So können invertierbare zweidimensionale Punktabbildungen oder nichtinvertierbare eindimensionale Punktabbildungen chaotische Attraktoren aufweisen. Der Hénon-Attraktor, Hénon [1976], ist ein Beispiel für einen seltsamen Attraktor in einem zweidimensionalen Punktabbildungssystem; dieses ist eine quadratische Abbildung und kann als Diskretisierung des Lorenz Systems angesehen werden. Die bekannteste nichtinvertierbare, eindimensionale Punktabbildung ist die logistische Abbildung, ein Populationsmodell, die z. B. von Collet und Eckmann [1980], Feigenbaum [1980], Grossmann und Thomae [1977] und May [1976] ausführlich untersucht wurde. Besonders aus dem Studium der logistischen Abbildung konnten wesentliche Erkenntnisse über die Entstehung und Struktur seltsamer Attraktoren gefunden werden. Darüber hinaus war es möglich, daraus universelle Eigenschaften abzuleiten, die auch auf kontinuierliche Systeme übertragbar sind.

<u>Anmerkung:</u> Es ist i.a. problematisch, für einen chaotisch aussehenden Attraktor zu zeigen, daß er ein seltsamer Attraktor ist. Meist gelingt es nur, aufgrund numerischer Experimente zu zeigen, daß exponentielle Divergenz benachbarter Trajektorien vorliegt. Deshalb wird auch der Hénon-Attraktor als seltsamer Attraktor bezeichnet, da Untersuchungen von Feit [1978], Curry [1979] und Simó [1979] die exponentielle Divergenz benachbarter Trajektorien

und homoklinische Strukturen zeigen. Es gelingt jedoch nicht, nachzuweisen, daß der Fluß auf dem Attraktor wiederkehrend ist.

4.2 Qualitative Änderung von Attraktoren

Das Verhalten physikalischer Systeme hängt meist von Parametern ab, wie z. B. der Dämpfung, der Erregeramplitude oder -frequenz. Änderungen solcher Parameter über bestimmte kritische Werte hinaus bewirken qualitative Änderungen von Attraktoren und haben damit auch drastische Änderungen des Bewegungsverhaltens zur Folge. Anstatt ein einzelnes Problem zu studieren, geht man nun von einer einparametrigen Familie von Problemen mit μ als Parameter aus (μ wird hier als einzelner Parameter angenommen, könnte jedoch auch ein Vektor sein):

$$\dot{\mathbf{x}} = \mathbf{f}(\mathbf{x},\mu) \tag{4.5}$$

bzw.

$$\mathbf{x}(n+1) = \mathbf{g}(\mathbf{x}(n),\mu) \quad . \tag{4.6}$$

Es wird zwar angenommen, daß der Parameter μ während eines Experiments festgehalten bleibt, aber man interessiert sich für die Veränderung der Attraktoren, wenn der Parameter leicht geändert wird. Im allgemeinen bleibt die topologische Struktur des Attraktors äquivalent, wenn der Parameter wenig variiert wird. So wird z. B. ein Fixpunkt leicht verschoben oder ein Grenzzykel ändert seine Form ein wenig oder die Umlaufzeit wird etwas länger. Überschreitet jedoch der Parameter μ einen kritischen Wert μ_1, dann ändert sich die topologische Struktur vollständig. Man spricht dann von Verzweigung. Im folgenden werden kurz die drei wichtigsten Szenarios der qualitativen Änderung von Attraktoren diskutiert. Für eine Diskussion und Anwendungen der Verzweigungstheorie in der Mechanik sei auch auf Troger [1982b] verwiesen. Der Übergang zu chaotischem Verhalten bleibt durch kleine Störungen des Parameters μ weitgehend unbeeinflußt, wird also nicht durch Parameterunsicherheiten verhindert, Mayer-Kress [1984].

4.2.1. Periodenverdopplung

Eine sehr häufig auftretende Art der Verzweigung ist die Gabelverzweigung, die auf Periodenverdopplung führt und vor allem an Differenzengleichungen ausführlich studiert wurde, Collet und Eckmann [1980], Feigenbaum [1978], Grossmann und Thomae [1977]. Dabei ändert sich das Verhalten aufgrund der Änderung des Parameters μ zunächst völlig stetig. Bis zu einem Wert μ_1 liegt z. B. ein attraktiver Fixpunkt vor. Für $\mu > \mu_1$ wird der Fixpunkt instabil und es entsteht eine P-2 Lösung, die bis zu einem Wert μ_2 stabil bleibt. Eine weitere Erhöhung von μ, $\mu > \mu_2$, hat zur Folge, daß die P-2 Lösung instabil wird und eine stabile P-4 Lösung auftritt. Dieses Verhalten setzt sich fort bis zu einem Wert μ_∞, für den unendlich viele periodische Punkte vorliegen, Bild 4.1.

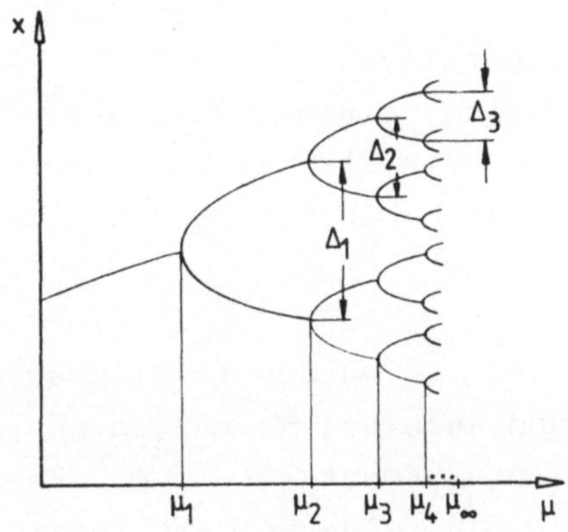

Bild 4.1. Verzweigungsdiagramm

Die Länge der Parameterintervalle, in denen eine periodische Lösung zu sehen ist, nimmt rasch ab. Jedes Folgeintervall ist um einen Faktor δ kürzer als das vorhergehende, wobei δ durch

$$\lim_{i \to \infty} \left(\frac{\mu_i - \mu_{i-1}}{\mu_{i+1} - \mu_i} \right) = \delta \qquad \text{mit} \quad \delta = 4.66920... \tag{4.7}$$

bestimmt ist. Der Wert von δ wurde zunächst von Grossmann und Thomae [1977] angegeben, doch fast gleichzeitig und unabhängig davon zeigten Feigenbaum [1978] und Coullet und Tresser [1978] seine Universalität für diskrete dynamische Systeme. Die Zahl δ wird heute vielfach auch als Feigenbaumkonstante bezeichnet.

Entsprechend den immer kleiner werdenden Intervallängen nimmt auch die Größe der Amplitudengabelung mit wachsendem i immer mehr ab. Dafür ergibt sich der Faktor

$$\lim_{i \to \infty} \frac{\Delta_i}{\Delta_{i+1}} = \alpha \qquad \text{mit} \quad \alpha = 2.50290... \quad , \tag{4.8}$$

der ebenfalls eine universelle Konstante ist.

Sowohl die proportional δ^{-i} schnell schrumpfende Intervallänge als auch die proportional α^{-i} kleiner werdenden Amplitudengabelungen sind ein Hinweis, daß von der unendlichen Verzweigungskaskade nur ein kleiner Teil beobachtbar sein wird. Physikalische Experimente haben bisher maximal P-16 Lösungen erkennen lassen.

Die Konstanten δ und α wurden inzwischen durch viele numerische Experimente und auch bei Messungen an realen dynamischen Systemen bestätigt. Die Konstante δ besagt z. B. für ein mechanisches System, daß eine weitere Verzweigung zu erwarten ist, wenn die Dämpfung um ein Fünftel des vorhergehenden Inkrements verändert wird.

Einen weiteren wichtigen Gesichtspunkt, der zunächst ebenfalls an der logistischen Abbildung entdeckt wurde und auch in kontinuierlichen Systemen zu finden ist, stellt das Auftreten von Fenstern für $\mu > \mu_\infty$ dar, für die reguläre Bewegungen beobachtet werden.

Die Konstanten δ und α wurden auch für konservative Systeme berechnet, Helleman [1983]. Es ergaben sich die Werte

$$\delta = 8.72109\ldots \quad , \quad \alpha = -4.01807\ldots \quad . \tag{4.9}$$

4.2.2 Hopf-Verzweigung

Die wohl bekannteste und am weitesten erforschte Art der Verzweigung geht auf Hopf [1942] zurück. Für eine ausführliche Darstellung mit vielen Anwendungen wird auf Marsden und McCracken [1976] verwiesen. Die Hopf-Verzweigung ist dadurch gekennzeichnet, daß die Eigenwerte eines Fixpunktes alle negative Realteile haben, bis auf ein Paar konjugiert komplexer Eigenwerte

$$\lambda = \alpha(\mu) + i\beta(\mu) \quad , \quad \bar{\lambda} = \alpha(\mu) - i\beta(\mu) \quad , \tag{4.10}$$

die für den Wert $\mu = \mu_1$ die imaginäre Achse überschreiten, so daß $\alpha(\mu) \geqslant 0$ wird. In einem solchen Fall setzt z. B. eine Oszillation ein; ein stabiler Strudel wird instabil und es entsteht ein stabiler Grenzzykel. Der stabile Grenzzykel wird bei Überschreiten eines weiteren kritischen Wertes μ_2 instabil und ein zweidimensionaler stabiler Torus entsteht, Bild 4.2.

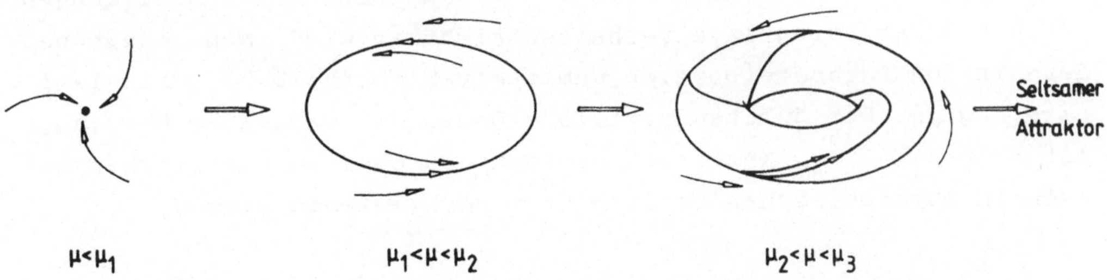

Bild 4.2. Qualitatives Verhalten bei Hopf-Verzweigungen

Von Ruelle und Takens [1971] und Newhouse [1980] konnte gezeigt werden, daß es sehr wahrscheinlich ist, daß bereits nach zwei Instabilitäten oder dem dritten Verzweigungsschritt chaotisches

Verhalten beobachtet werden kann, d.h. ein seltsamer Attraktor auftritt. Durch eine Reihe von Laborexperimenten konnte dieses Szenario bestätigt werden.

4.2.3 Sattelpunkt- oder Tangentenverzweigung, Intermittenz

Von Pomeau und Manneville [1980] wurde ein Szenario angegeben, das als Übergang zum turbulenten oder chaotischen Verhalten durch Intermittenz bezeichnet wird. Intermittenz bedeutet, daß eine reguläre Bewegung zeitweise durch irreguläre Bewegungsphasen unterbrochen wird. Die mittlere Zahl der irregulären Phasen steigt mit der Erhöhung des Parameters μ bis die Bewegung schließlich vollständig chaotisch wird. Die Ursache beruht auf einer Sattelpunkts- oder Tangentenverzweigung für den Eigenwert +1 einer Punktabbildung. Die mathematische Begründung dafür ist nicht exakt, da keine Angaben möglich sind, wann eine chaotische Bewegung vorliegt. Während die anderen beiden Szenarios aufgrund von Gabelverzweigungen oder Hopf-Verzweigungen zustande gekommen sind, ist die Intermittenz durch eine Sattelpunktverzweigung charakterisiert. Dabei verschmelzen für $\mu = \mu_1$ ein stabiler und instabiler Fixpunkt. Danach existiert kein stabiler Fixpunkt mehr. Für Werte μ etwas größer μ_1 ist die chaotische Bewegung noch nicht voll ausgebildet. Es sind sehr viele Abbildungen nötig bis das irreguläre Verhalten sichtbar wird. Man bezeichnet deshalb den Parameterbereich unmittelbar oberhalb μ_1 als laminare Region. Die durchschnittliche Dauer des laminaren Übergangs ist $(\mu-\mu_1)^{-1/2}$. Intermittenz konnte sowohl in numerischen als auch in physikalischen Experimenten nachgewiesen werden.

4.2.4 Zusammenfassung der behandelten Szenarios

Die drei beschriebenen Verzweigungsszenarios zur qualitativen Änderung der Attraktoren bis zum Übergang zu chaotischem Verhalten sind in Tabelle 4.1 zusammengefaßt. Diese Tabelle stellt jedoch nur eine grobe Vereinfachung der oft recht komplexen Vorgänge bei qualitativen Änderungen von Attraktoren infolge Parameteränderungen dar. Zunehmende Werte μ sind durch die Pfeilrichtung gekennzeichnet.

Tabelle 4.1. Drei typische Verzweigungsszenarios zur qualitativen Änderung von Attraktoren

Szenario	Gabelverzweigung	Hopf-Verzweigung	Sattelpunktverzweigung
Verzweigungs-diagramm — stabil --- instabil	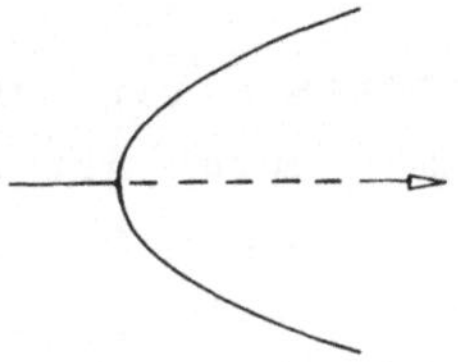	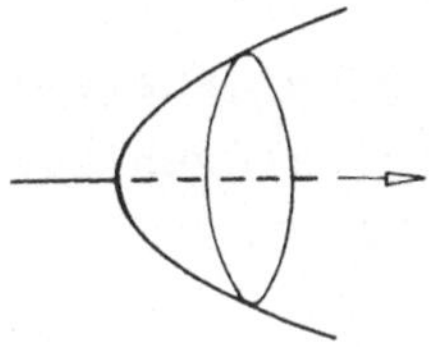	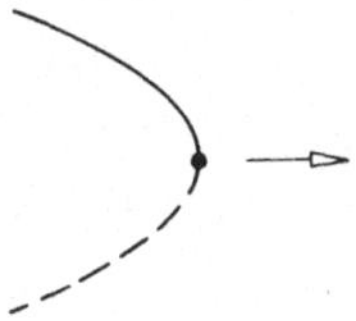
Eigenwertverhalten der linearisierten Punktabbildung	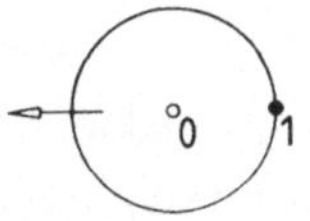 0 1	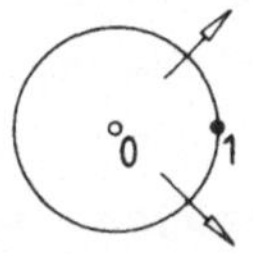 0 1	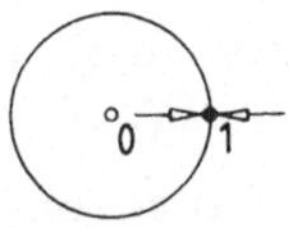 0 1
Wichtigste Phänomene	Unendliche Folge von Periodenverdopplungen entsprechend dem Parameter δ	Nach 3 Verzweigungen sind seltsame Attraktoren wahrscheinlich	Intermittierender Übergang $\sim(\mu - \mu_1)^{-1/2}$, danach chaotisches Verhalten

Abschließend sei angemerkt, daß Verzweigungsphänomene auch im Zusammenhang mit homoklinischen Orbits auftreten und dadurch die qualitative Änderung von Attraktoren aufgrund von Parametervariationen zusätzlich beeinflußt wird. Man kann dann periodische Orbits beobachten, die durch die drei näher beschriebenen Verzweigungsszenarios nicht erklärt werden können.

4.3 Charakterisierung von Attraktoren

Die ursprüngliche Hoffnung in der Theorie dynamischer Systeme bestand darin, die Systemgleichungen bis auf Äquivalenz in qualitativem Sinne zu klassifizieren, Smale [1967]. Obwohl dieses Ziel für eine beschränkte Klasse von Systemen erreicht werden kann, konnten brauchbare Äquivalenzrelationen im allgemeinen nicht angegeben werden. Trotzdem ist es natürlich von großer praktischer Bedeutung, gewisse Kenngrößen oder Maße zu haben, aufgrund derer man qualitative Beurteilungen dynamischer Systeme vornehmen kann. Von besonderem Interesse ist das Langzeitverhalten, das in dissipativen Systemen durch Attraktoren repräsentiert wird. Ein Attraktor wird jedoch u.U. oft erst nach sehr langer Zeit erreicht, was zur Folge hat, daß das Übergangsverhalten die Charakterisierung beeinflußt. Man ist heute noch immer weit entfernt von einer befriedigenden Klassifizierung durch geeignete Maße. Nachfolgend werden jedoch vier grundlegende Charakteristiken angegeben, die zu einer Unterscheidung von Attraktoren herangezogen werden können, siehe auch Kreuzer [1985b,c].

4.3.1 Zeitverläufe

Die Betrachtung des Zeitverlaufs einzelner Koordinaten des Phasenraumes zur Beurteilung von Attraktoren erscheint zunächst als ein einfacher Weg, zwischen regulärem und irregulärem Verhalten zu unterscheiden. Sieht ein Zeitverlauf instationär oder irregulär aus, wird es i.a. aber schwierig sein, nachzuweisen ob es sich um einen langsamen Einschwingvorgang oder um eine chaotische Bewegung handelt, oder ob eine reguläre Bewegung mit sehr langer Periode vorliegt. Wird irreguläres Verhalten in einem Experiment beobachtet, dann kann man aus einem Zeitverlauf nicht ablesen, ob stochastische Erregung oder rein deterministisches Verhalten die Ursache ist. Das bedeutet, daß einzelne Zeitverläufe i.a. nur wenig Einblick in Eigenschaften nichtlinearer dynamischer Systeme erlauben. Natürlich können auch Phasenportraits oder die Punktabbildungen kontinuierlicher Systeme zur Beurteilung herangezogen werden. Diese werden jedoch erst im nächsten Kapitel ausführlicher behandelt.

4.3.2 Leistungsspektren

Durch Auswertung von Zeitmeßreihen mit der Fourieranalyse kann reguläres und irreguläres Verhalten unterschieden werden. Ein diskretes Leistungsspektrum, das aus diskreten vertikalen Liniensegmenten besteht, ist charakteristisch für periodisches oder quasiperiodisches Verhalten. So sind Bewegungen auf einem Torusattraktor dadurch gekennzeichnet, daß im Leistungsspektrum mehrere Grundfrequenzen und zugehörige Linearkombinationen auftreten. Ein kontinuierliches oder verrauschtes Leistungsspektrum weist auf einen chaotischen Attraktor hin. Da das Leistungsspektrum auch leicht experimentell bestimmt werden kann, wird es häufig zur Charakterisierung des Bewegungsverhaltens in realen Systemen benutzt. Bis jetzt ist jedoch noch kein Verfahren bekannt, das es erlaubt, aus einem Leistungsspektrum abzulesen, ob eine stochastische Erregung oder die Nichtlinearität des deterministischen Systems die Ursache für das irreguläre Verhalten ist.

4.3.3 Ljapunov-Exponenten

Kennzeichnend für das chaotische Verhalten ist die exponentielle Divergenz benachbarter Trajektorien unter der Wirkung des Flusses. Die Ljapunov-Exponenten messen die mittlere exponentielle Divergenz oder Konvergenz benachbarter Trajektorien und geben damit Auskunft über die Stabilitätseigenschaften eines Attraktors. Für einen Fixpunkt sind die Ljapunov-Exponenten gerade die Realteile der Eigenwerte. Die Ljapunov-Exponenten sind verallgemeinerte Stabilitätsgrößen, die für jede Art von

Attraktor definiert sind. Für einen N-dimensionalen Phasenraum gibt es N reelle Exponenten, die man auch als Spektrum bezeichnet und der Größe nach ordnet, $\sigma_1 \geqslant \sigma_2 \geqslant \dots \geqslant \sigma_N$. Der Exponent, der die Richtung des Flusses repräsentiert, ist stets null. Gilt für den maximalen Exponenten $\sigma_1 > 0$, dann ist das System chaotisch. Damit wird die Empfindlichkeit gegenüber einer Änderung der Anfangsbedingungen und der Grad der Irregularität durch positive Ljapunov-Exponenten ausgedrückt. Für dissipative Systeme beschreibt das Spektrum der Ljapunov-Exponenten nicht nur das Verhalten einzelner Trajektorien, sondern das Stabilitätsverhalten aller Orbits, die im Einzugsgebiet eines Attraktors starten. Ljapunov-Exponenten können i.a. nur aus den Systemgleichungen berechnet werden.

4.3.4 Dimension

Eines der grundlegenden Unterscheidungsmerkmale verschiedenartiger Attraktoren ist deren Dimension. Es gibt eine Reihe von Definitionen für den Begriff Dimension. Man kann z. B. Dimension im weitesten Sinne als die Menge von Information interpretieren, die notwendig ist, um den Ort eines Punktes auf dem Attraktor innerhalb einer bestimmten Genaugikeit festzulegen. Die Dimension sagt dann folglich etwas über die Menge der Informationen aus, die notwendig ist, um einen Attraktor zu charakterisieren und ist auch eine untere Grenze für die Zahl der wesentlichen Zustandsgrößen zur Modellierung der Dynamik des Systems. Hier wird die Dimension mit Hilfe der Ljapunov-Exponenten definiert, da sie heute die einzige effiziente Möglichkeit darstellen, die Dimension zu berechnen. Ist k die größte ganze Zahl, für die $\sigma_1 + \sigma_2 + \dots + \sigma_k > 0$ gilt, dann definiert man

$$D_L = k + \frac{\sum_{i=1}^{k} \sigma_i}{|\sigma_{i+1}|} \quad . \qquad (4.11)$$

Diese Definition geht auf Kaplan und Yorke [1979] zurück und D_L wird als Ljapunov-Dimension bezeichnet. Im besonderen gilt für $\sigma_1 < 0$ $D_L = 0$.

Alle in der Literatur zu findenden vernünftigen Definitionen der Dimension liefern für die einfachen regulären Attraktoren wie Fixpunkt, Grenzzykel und zweidimensionalen Torus den gleichen Wert, nämlich 0,1 und 2 .

Die reguläre Struktur dieser Attraktoren in Form von Mannigfaltigkeiten hat demnach die ganzzahlige Dimension zur Folge. Für chaotische Attraktoren ergeben sich aufgrund ihrer komplizierten Struktur, die gewöhnlich keine Mannigfaltigkeiten repräsentieren, nicht ganzzahlige Dimensionen, die sich außerdem für verschiedene Definitionen unterscheiden können.

4.3.5 Zusammenfassung der charakterisierenden Merkmale

Die charakteristischen Merkmale von Attraktoren sind für den Fall dreidimensionaler kontinuierlicher Systeme in Tabelle 4.2 zusammengefaßt. Für die entsprechenden Punktabbildungen entfällt jeweils der Ljapunov-Exponent vom Wert null und die Dimension verringert sich um eins.

Tabelle 4.2. Typische Attraktoren mit deren charakteristischen Merkmalen

Phasenportrait	Zeitverlauf	Leistungsspektrum	Ljapunov-Exp. $\sigma_1 \geq \sigma_2 \geq \sigma_3$	Dimension
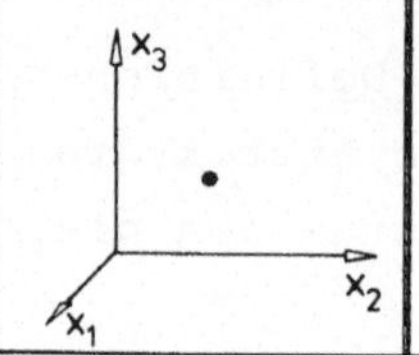	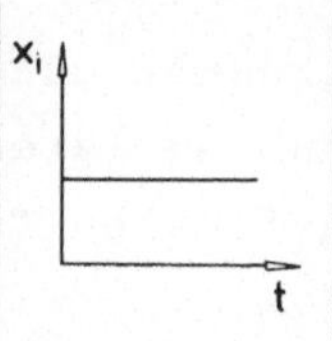	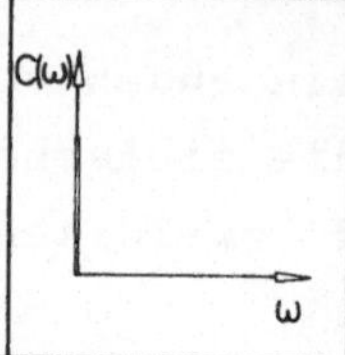	- - -	0
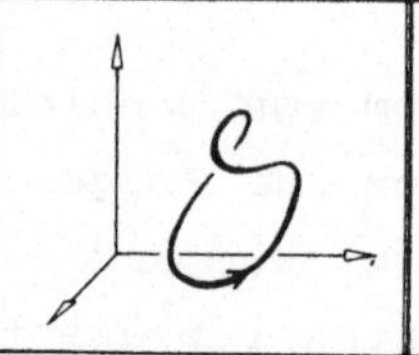	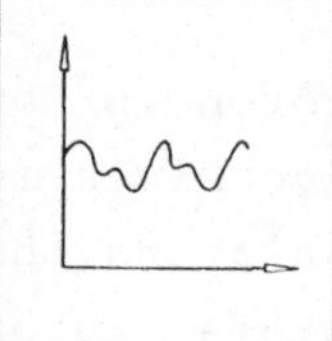	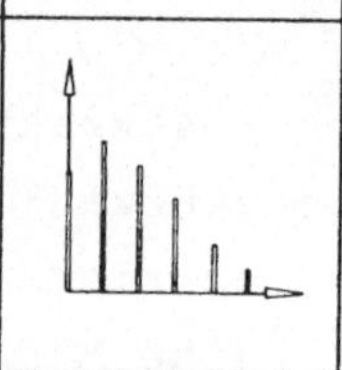	0 - -	1
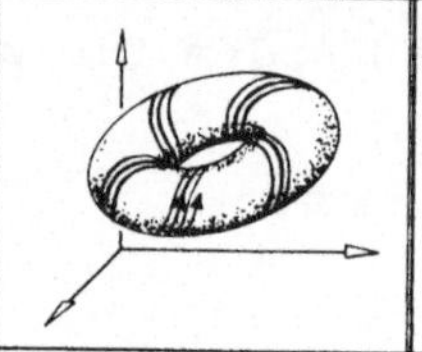	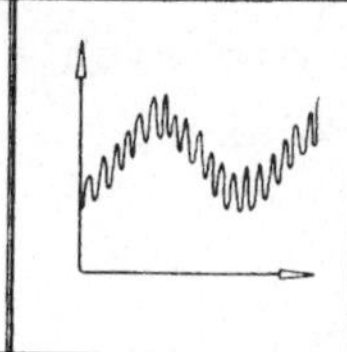	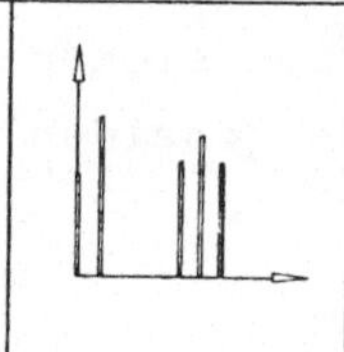	0 0 -	2
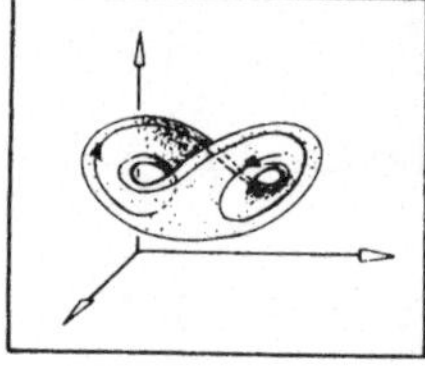	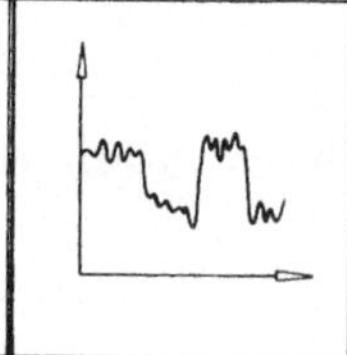	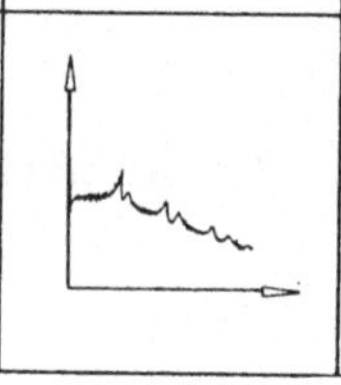	+ 0 -	$2 < d < 3$

4.4 Nichtautonomes System: Modifizierte Duffing-Gleichung

Ein nichtlineares nichtautonomes Schwingungssystem mit kubischem Steifigkeitsterm zur Modellierung der in vielen mechanischen Systemen beobachteten progressiven Federcharakteristik wird durch eine von Duffing [1918] angegebene Gleichung beschrieben. Die Duffing-Gleichung und entsprechende Modifikationen sind deshalb Ausgangspunkt vieler grundlegender Untersuchungen dynamischer Systeme, z. B. Popp [1982], Troger [1982a], Ueda [1980].

Eine modifizierte Form der Duffing-Gleichung, wobei der lineare Steifigkeitsterm negativ ist, kann für einen beidseitig gelenkig gelagerten Balken unter Querbelastung abgeleitet werden, Seydel [1980]:

$$\ddot{x} + d\,\dot{x} - x + x^3 = a \cos \omega t \quad . \tag{4.12}$$

Darin wird die lineare, geschwindigkeitsabhängige Dämpfung durch den Koeffizienten d gekennzeichnet und die Erregung erfolgt mit einer Amplitude a bei einer Frequenz ω. Von Moon und Holmes [1979], Holmes [1979], Moon [1980] wurde dieselbe Gleichung als Modell eines einseitig eingespannten Balkens in einem Feld zweier Permanentmagnete angegeben.

Für $\omega = 0$ hat das System (4.12) drei Gleichgewichtslagen, an der Stelle $x = 0$ einen Sattelpunkt und an den Stellen $x = \pm 1$ stabile Strudel. Von Holmes [1979] wurde gezeigt, daß die Stabilitätsaussagen auch für das erregte System für kleine Störungen global gültig sind.

Zur genaueren numerischen Untersuchung wird die Systemgleichung (4.12) in ein System autonomer Differentialgleichungen umgeschrieben,

$$\begin{aligned} \dot{x}_1 &= x_2 \quad , \\ \dot{x}_2 &= x_1 - x_1^3 - dx_2 + a \cos \omega\theta \quad , \quad (x_1, x_2, \theta) \in \mathbf{R}^2 \times S^1 \quad , \\ \dot{\theta} &= 1 \quad , \end{aligned} \tag{4.13}$$

worin $S^1 = \mathbf{R}/T$ ein Kreis der Länge $T = 2\pi/\omega$ ist. Wird eine Schnittfläche $\Sigma = \{(x_1, x_2, \theta) \mid \theta = 0\}$ festgelegt, dann ist die zugehörige Poincaré-Abbildung $P : \Sigma \to \Sigma$ auch global definiert. Die Abbildung P hängt natürlich von den Parametern d, a und ω ab.

Die Volumenänderungsrate des Flusses von (4.13) ist

$$\Lambda(\mathbf{x}) = \frac{\partial x_2}{\partial x_1} + \frac{\partial}{\partial x_2}(x_1 - x_1^3 - dx_2 + a\cos\omega\Theta) + \frac{\partial}{\partial\Theta}(1.0) = -d \tag{4.14}$$

und damit konstant. Da der Dämpfungsparameter d stets positiv sein soll, ist die Volumenkontraktion für den gesamten Phasenraum gleich. Weiterhin gilt für die zugehörige Poincaré-Abbildung $|\det D\mathbf{g}(\mathbf{x})| < 1$.

Für feste d, ω und kleine a werden um die beiden Strudelpunkte einperiodische attraktive Lösungen beobachtet. Der Sattelpunkt wird zu einem instabilen Orbit, Guckenheimer und Holmes [1983]. Die Poincaré-Abbildung ist also ebenfalls durch drei hyperbolische Fixpunkte gekennzeichnet. Mit steigendem a vergrößern sich die Amplituden der stabilen periodischen Lösungen kontinuierlich, bis eine Verzweigung auftritt. Weitere Steigerungen von a können schließlich zu chaotischem Verhalten führen. Die Trajektorien führen dabei Bewegungen um die beiden ursprünglichen Strudelpunkte aus und springen dazwischen in unregelmäßigen Abständen hin und her. Für die Parameterwerte $d = 0.15$, $a = 0.3$ und $\omega = 1.0$ ist dieses Verhalten in den Bildern 4.3 und 4.4 wiedergegeben. Der Zeitverlauf der x_1-Koordinate in Bild 4.3 für ein Zeitintervall von 200 s läßt deutlich die unregelmäßige Bewegung erkennen. In Bild 4.4 ist das Phasenportrait dieser Bewegung entsprechend der Dauer von ca. 10 Anregungsperioden mit den zugehörigen Poincaré Punkten wiedergegeben. Zusätzlich ist in Bild 4.4 eine P-1 Lösung mit großer Amplitude eingezeichnet, die neben der nichtperiodischen Lösung auftritt. Es ist leicht, sich vorzustellen, daß aus dem Phasenbild nach relativ kurzer Zeit im Bereich der nichtperiodischen Lösung nichts mehr zu erkennen sein wird.

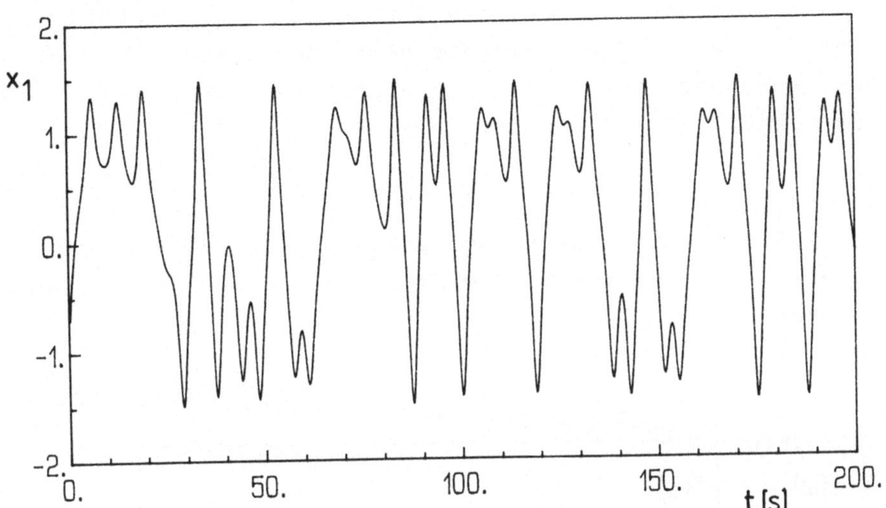

Bild 4.3. Zeitverlauf der x_1-Koordinate von (4.13) für $d = 0.15$, $a = 0.3$ und $\omega = 1.0$

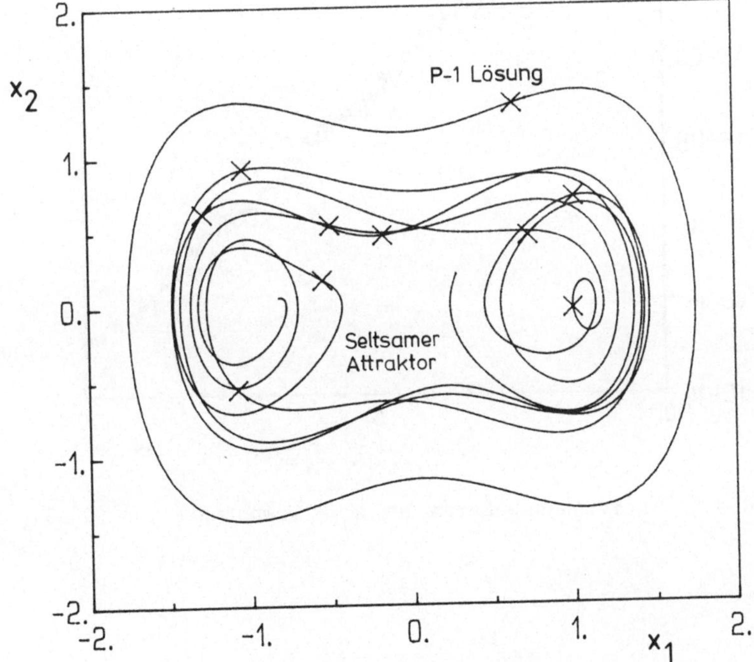

Bild 4.4. Phasenportrait von (4.13) für $d = 0.15$, $a = 0.3$ und $\omega = 1.0$

Durch das Spektrum der Ljapunov-Exponenten $\sigma_1 = 0.184$, $\sigma_2 = 0.0$ und $\sigma_3 = -0.334$ wird die Vermutung bestätigt, daß die regellose Bewegung der Bilder 4.3 und 4.4 zu einem seltsamen Attraktor gehört. Als Dimension bestimmt man dafür leicht $D_L = 2.55$.

In Bild 4.5 ist das Leistungsspektrum der x_1 - Koordinate wiedergegeben. Ausgeprägt ist im Spektrum die Anregungsfrequenz $\omega = 1.0$ erkennbar.

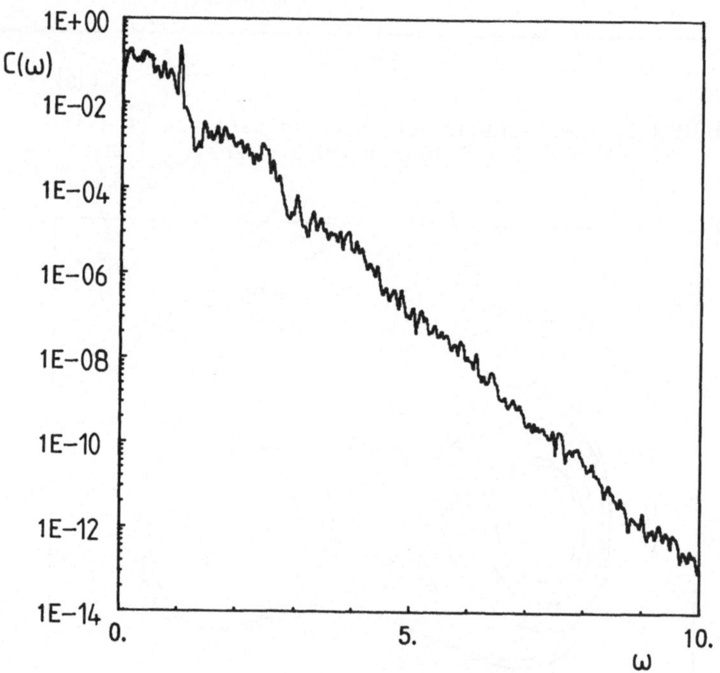

Bild 4.5. Leistungsspektrum der x_1 - Komponente von (4.13)

5 Fundamentale Untersuchungsmethoden

Für nichtlineare dynamische Systeme gelingt es in den meisten Fällen nicht, exakte Lösungen der gegebenen Differentialgleichungen zu finden. Man behilft sich deshalb häufig mit Näherungsverfahren, um Aussagen über das Systemverhalten machen zu können. Die so gefundenen Lösungen werden dann für Stabilitätsuntersuchungen benutzt. Die daraus resultierenden Aussagen sind aber, da sie auf Näherungslösungen beruhen, ebenfalls nur Näherungen und beschreiben nicht notwendigerweise das tatsächliche Systemverhalten. Dies gilt vor allem aufgrund der Schwierigkeit, daß die Konvergenz der Näherungsverfahren zu den tatsächlichen Lösungen nur selten nachgewiesen werden kann.

Die Problematik der Näherungslösungen ist besonders offensichtlich bei Systemen, deren Langzeitverhalten irregulär ist oder auf seltsamen Attraktoren verläuft. Zur Untersuchung dynamischer Systeme stellen Digitalrechner heute ein gutes Hilfsmittel dar. Der Fortschritt in der Numerik und Rechnertechnologie erleichtert es, auf analytische Ausdrücke für die Lösungen verzichten zu können. Natürlich wird eine umfassende Analyse nie allein auf numerischen Ergebnissen beruhen, sondern auch durch analytische und topologische Betrachtungen zu bestätigen sein. Aber gerade die Entwicklung der letzten Jahre hat gezeigt, wie nützlich numerische Experimente sind und wie sie Näherungsverfahren ergänzen können.

In diesem Kapitel wird zunächst eine Übersicht über analytische Näherungsverfahren angegeben. Dann werden numerische Untersuchungsmethoden beschrieben. Neben den bereits in Kapitel 4 genannten Kenngrößen zur Charakterisierung von Attraktoren werden auch die Punktabbildung und Entropie behandelt. Eine Einteilung in qualitative und quantitative Methoden ist dabei nicht ohne weiteres möglich. Am Beispiel der modifizierten Duffing-Gleichung werden einige Untersuchungsmethoden demonstriert.

5.1 Übersicht über Näherungsverfahren

Die Näherungsverfahren zur analytischen Untersuchung nichtlinearer dynamischer Systeme sind für die Berechnung periodischer und quasiperiodischer Lösungen auch heute noch von großer Bedeutung. Die Stabilitätsbetrachtungen in Kapitel 3 haben aber gezeigt, daß bei irregulären Bewegungen große Probleme bei der Beurteilung des Langzeitverhaltens auftreten können.

Aufgrund von Näherungsverfahren sind sowohl quantitative als auch qualitative Ausagen zu erhalten. Dies gilt jedoch nicht für Systeme, die chaotisches Bewegungsverhalten aufweisen. Für eine ausführliche Darstellung von Näherungsverfahren wird auf die Bücher von Kirchgraber und Stiefel [1978], Lichtenberg und Lieberman [1983], Nayfeh [1973] und Nayfeh und Mook [1979] verwiesen.

5.1.1 Störungsrechnung

Ein vielfach angewandtes Näherungsverfahren beruht darauf, daß man von einer bekannten Grundlösung ausgeht und untersucht, wie sich diese Lösung bei einer kleinen Störung verhält. Man versucht also, das dynamische System

$$\dot{\mathbf{x}} = \mathbf{f}(\mathbf{x},t) + \varepsilon\, \mathbf{h}(\mathbf{x},t) \quad , \tag{5.1}$$

zu lösen, wobei der Parameter ε klein sein soll und die Grundlösung für $\varepsilon = 0$ gegeben sei:

$$\dot{\mathbf{x}}_0 = \mathbf{f}(\mathbf{x}_0,t) \quad . \tag{5.2}$$

Man nimmt außerdem an, daß auch die inhomogene lineare Differentialgleichung

$$\dot{\xi} = \left(\frac{\partial \mathbf{f}(\mathbf{x},t)}{\partial \mathbf{x}} \Bigg|_{\mathbf{x} = \mathbf{x}_0} \right) \xi + \mathbf{k}(t) \tag{5.3}$$

gelöst werden kann. Wegen dieser Anforderung wird im allgemeinen die Vektorfunktion $\mathbf{f}(\mathbf{x},t)$ auf den Fall einer linearen, zeitinvarianten Funktion beschränkt sein. Im wesentlichen sind zur Lösung des Problems der Störungsrechnung drei Methoden von Bedeutung.

Bei der einfachen Störungsrechnung wird zur Lösung von (5.1) ein Potenzreihenansatz gewählt. Durch Koeffizientenvergleich kann schließlich ein gestaffeltes Gleichungssystem abgeleitet werden, das mit der ersten Näherung beginnend sukzessive gelöst werden kann. Da man die Reihenentwicklung nur für endlich viele Glieder auswerten kann, treten u.U. Glieder auf, die im Laufe der Zeit über alle Grenzen anwachsen und nicht durch höhere Reihenglieder gedämpft werden. Das Auftreten dieser Säkularglieder täuscht für ein an sich stabiles System Instabilität vor.

Das Verfahren von Lindstedt und Poincaré ist dagegen eine Variante der Störungsrechnung, die schon mit endlich vielen Gliedern der Potenzreihe die näherungsweise Bestimmung periodischer Lösungen erlaubt. Dabei wird davon ausgegangen, daß (5.2) eine periodische Bewegung mit der Frequenz ω_0 ausführt. Die gesuchte periodische Lösung mit der Frequenz ω soll nur wenig von der Grundlösung abweichen: $\omega = \omega_0 + \varepsilon\omega_1 + \varepsilon^2\omega_2 + \ldots$. Da die Amplituden frequenzabhängig sind, führt dieses Verfahren auf eine Variation der Amplitude und Frequenz.

Bei dem Verfahren der mehrfachen Zeitskalierungen wird nicht mehr von vornherein eine Lösungsform vorausgesetzt. Es wird der Ansatz $\omega = \omega_0 T_0 + \omega_1 T_1 + \ldots$, mit den unterschiedlichen Zeitmaßstäben $T_k = \varepsilon^k t$, $k = 0,1,\ldots$, benutzt. Dadurch werden langsame und schnelle Frequenzen unterschiedlich bewertet.

Anmerkung: Ähnlichkeit mit der Störungsrechnung hat die z. B. im Buch von Schmidt [1975] benutzte Lösungsmethode der nichtlinearen Integrodifferentialgleichungen, die wegen der Entwicklung nach mehreren unabhängigen kleinen Größen bei komplizierten Resonanzfällen überlegen ist.

5.1.2 Mittelungsmethoden

Bei den Mittelungsmethoden geht man davon aus, daß die Lösung von

$$\dot{\mathbf{x}} = \mathbf{f}(\mathbf{x},t) \tag{5.4}$$

durch andere vorgegebene Lösungen angenähert werden kann. Gegenüber der exakten Lösung wird man dabei im allgemeinen einen Fehler machen, der aber "im Mittel" verschwinden oder zumindest möglichst klein sein soll. Eine Näherungslösung kann auf dem Näherungsansatz

$$\mathbf{x}_N(t) = \sum_{i=1}^{s} \mathbf{x}_i c_i(t) \tag{5.5}$$

aufgebaut werden, wobei die c_i zeitabhängige Ansatzfunktionen und die $\mathbf{x}_i$ konstante Amplitudenvektoren sind. Die Mittelung ist über ein bestimmtes Zeitintervall auszuführen. Bei periodischen Lösungen ist dieses Zeitintervall durch die Periodendauer vorgegeben. Zur Mittelung werden dann vier verschiedene Methoden herangezogen:

- Methode der kleinsten, mittleren, quadratischen Fehler,
- Galerkin-Verfahren,
- Verfahren der harmonischen Balance,
- Methode der langsam veränderlichen Amplituden und Phasen.

Diese sollen im einzelnen nicht behandelt werden. Es sei jedoch angemerkt, daß sich die Mittelungsmethoden bei einer Reihe von Anwendungen durch erstaunlich gute Ergebnisse auszeichnen. Das darf aber nicht darüber hinwegtäuschen, daß in vielen Fällen eben keine Aussage über die Genauigkeit gemacht werden kann. Besonders deutlich wird dies am Hénon-Heiles System, das in Kapitel 3 behandelt wurde. Die Mittelungsmethoden lieferten das Bild eines für alle Energien integrierbaren Systems, was aber nicht korrekt ist.

5.2 Zeitverläufe und Phasenportraits durch numerische Integration

Der Verlauf von Trajektorien im Phasenraum oder Zeitfunktionen einzelner Koordinaten können durch numerische Integration sehr einfach ermittelt werden. Zur Lösung des Anfangswertproblems stehen heute eine Reihe ausgefeilter und komfortabler Integrationsprogramme zur Verfügung. Natürlich liefert auch die numerische Integration nur Näherungslösungen, da stets Rundungs- und Diskretisierungsfehler zu erwarten sind. Aber i.a. können für die heute gebräuchlichen Verfahren Fehlerabschätzungen angegeben werden. Schwierigkeiten, die durch Unstetigkeiten oder Steifigkeiten auftreten, können durch geeignete Maßnahmen meist überwunden werden.

Man unterscheidet Einschrittverfahren, Mehrschrittverfahren und Interpolationsverfahren. Die besten Ergebnisse werden bei komplizierten Problemen i.a. mit Mehrschrittverfahren erhalten. Welches Verfahren für ein bestimmtes Problem herangezogen werden soll, hängt von vielen Faktoren ab und kann manchmal nur durch geeignete Tests angegeben werden. Als das zur Zeit am universellsten einsetzbare und auch sicherste Verfahren kann wohl das Verfahren von Shampine und Gordon [1984] angesehen werden. Dieses Verfahren wurde bei allen numerischen Integrationen im Rahmen dieser Arbeit verwendet.

Um sich einen Überblick über das qualitative Verhalten eines dynamischen Systems aufgrund von Zeitverläufen oder Phasenportraits machen zu können, ist das Anfangswertproblem für sehr viele Startbedingungen und Parameter zu lösen. Darum ist ein schnelles Integrationsverfahren von größtem Interesse. Versuche, die Integration durch Verwendung von Approximationslösungen zu beschleunigen, sind jedoch negativ verlaufen, Bestle [1984].

5.3 Punktabbildungen

Bereits in Kapitel 2 wurde die Punktabbildung und deren spezielle Form, die Poincaré-Abbildung, zur Untersuchung dynamischer Systeme eingeführt. Man betrachtet dabei nicht den Verlauf einer Trajektorie im N-dimensionalen Phasenraum, sondern nur noch die Punkte des Phasenraumes, an denen sich das System unter bestimmten Bedingungen befindet. Die Punktabbildung beruht i.a. auf einer Zeitdiskretisierung, die Bedingung ist also, die Trajektorien nach festgelegten Zeitabständen, der Diskretisierungszeit τ, zu betrachten. In der speziellen Form der Poincaré-Abbildung ist die Bedingung, daß die Trajektorien eine (N-1)-dimensionale Hyperfläche durchstoßen müssen. Die Zeitintervalle, nach denen Durchstoßen auftritt sind nur für periodische Bewegungen konstant. Punktabbildungen können selten analytisch bestimmt werden. Meistens werden Punktabbildungen durch numerische Integration ermittelt.

Aufgrund dieser Reduktion der Systemordnung wird die Analyse nichtlinearer dynamischer Systeme wesentlich erleichtert. Vor allem das qualitative Verhalten kann viel einfacher studiert werden. Stabilitätsaussagen der Punktabbildung sind auf das kontinuierliche System übertragbar.

Periodische und quasiperiodische Lösungen konservativer Systeme werden durch periodische bzw. quasiperiodische Punktfolgen wiedergegeben, letztere verdichten sich zu glatten Kurven. Irreguläres, chaotisches Verhalten wird durch eine Menge unregelmäßig verteilter Punkte repräsentiert, vgl. Abschnitt 3.7.

Attraktoren nichtkonservativer Systeme werden durch ω-Grenzmengen charakterisiert, die aus nichtwanderndn Punkten bestehen. Seltsame Attraktoren werden durch eine Menge von Punkten gebildet, die eine Figur von komplizierter topologischer Struktur darstellen. Eine genaue Untersuchung von seltsamen Attraktoren zeigt Selbstähnlichkeit bei jeder Ausschnittsvergrößerung, also Cantormengenstruktur auf allen Skalen.

Seltsame Attraktoren können in vielen Fällen als homoklinische Punkte entlang der instabilen invarianten Mannigfaltigkeit hyperbolischer Fixpunkte gedeutet werden. Kann man die Existenz eines homoklinischen Punktes zeigen und damit eine notwendige Bedingung für chaotische Bewegungen angeben, dann hat man dadurch einen Hinweis, daß ein chaotischer Attraktor auftreten kann. Es ist jedoch nicht einfach, einen solchen Nachweis zu führen, da man hierzu analytisch ein globales Problem zu lösen hat. Mit einer auf Melnikov [1963] aufbauenden Methode kann für zweidimensionale Punktabbildungen das Auftreten eines homoklinischen Punktes als Schnitt der stabilen und instabilen Mannigfaltigkeit W^-, W^+, eines Sattelpunktes bestimmt werden, Holmes [1979] und Guckenheimer und Holmes [1983]. Das Auftreten eines homoklinischen Punktes hat unendlich viele solcher Punkte zur Folge und macht dadurch chaotisches Verhalten möglich.

Das transiente Verhalten dissipativer Systeme wird bei Punktabbildungen durch diskrete Transienten bestimmt. Die Dichte der Punktfolge solcher Transienten wird bei autonomen kontinuierlichen Systemen durch die Diskretisierungszeit τ bestimmt, Bild 5.1.

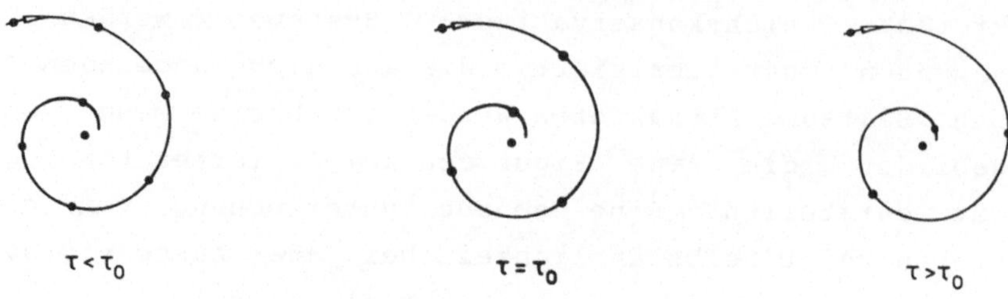

Bild 5.1. Auswirkung der Diskretisierungszeit τ auf diskrete Transiente eines Strudels

Eine zusätzliche Diskretisierung von Punktabbildungen wird oft dadurch vorgenommen, daß man die aufeinander folgenden Amplitudenwerte einer Koordinate der Hyperfläche gegeneinander aufträgt. So kann man aus einem dreidimensionalen Fluß eine eindimensionale Punktabbildung ableiten, die sehr viel leichter und umfassender untersucht werden kann. Bereits in Kapitel 4 wurden die aus solchen einfachen Abbildungen gefundenen universellen Eigenschaften dynamischer Systeme diskutiert.

5.4 Leistungsspektren aus der Fourier-Analyse

Zur Untersuchung komplizierter Schwingungen werden vielfach Leistungsspektren herangezogen, die aus der Fourier-Transformierten der Koordinaten des Phasenraumes bestimmt werden, Crutchfield u.a. [1980].

Die Fourier-Transformation eines Signals $x(t)$ ist definiert durch

$$X(\omega) = \lim_{T\to\infty} \frac{1}{T} \int_0^T x(t)\, e^{-i\omega t}\, dt \quad . \tag{5.6}$$

Daraus errechnet man das Leistungsspektrum zu

$$C(\omega) = |X(\omega)|^2 \quad . \tag{5.7}$$

Zur Bestimmung von (5.6) kann auf bewährte Standardprogramme der Fourier-Transformationen oder der "Fast Fourier Transformation Method" zurückgegriffen werden.

Das Leistungsspektrum $C(\omega)$ gibt an, wie die Leistung oder Intensität einer Koordinate auf die Frequenz ω verteilt ist. Das Spektrum enthält etwa die halbe Menge der Information, die zur Rekonstruktion des tatsächlichen Zeitverlaufs notwendig ist, da zwar die Frequenzen und die zugehörige Leistung, aber nicht die Phase geliefert wird. Die Ergebnisse der Spektraluntersuchung werden umso genauer, je länger die ausgewertete Zeitreihe des Signals $x(t)$ ist.

Das Leistungsspektrum eines periodischen Attraktors besteht aus diskreten Linien. Jede Linie gibt durch ihre Höhe die Intensität der entsprechenden Frequenz an. Besonders charakteristisch ändert sich das Leistungsspektrum bei einer Verzweigung. Die Verzweigung einer periodischen Lösung der Grundfrequenz ω_0 hat bei Periodenverdopplung zur Folge, daß eine zusätzliche, subharmonische Linie bei $\omega_0/2$ auftaucht. Ein Leistungsspektrum ist meist nicht frei von Oberschwingungen, deshalb werden auch Oberschwingungen der Subharmonischen beobachtet. Jede weitere Verzweigung führt auf weitere Subharmonische. Die Intensität der i-ten Subharmonischen $\omega_0/2^i$ bei der (i+1)-ten Verzweigung ist ein Maß für die Amplitudengabelung. Diese nimmt nach Abschnitt 4.2.1 von Verzweigung zu Verzweigung mit ungefähr $1/\alpha$ ab. Das Verhältnis der Intensitäten C aufeinanderfolgender Subharmonischer nimmt daher ebenfalls ab und ist ungefähr $C_{i+1}/C_i = (1/2\alpha)^2$ was ca. 14 dB entspricht. Eine genauere Rechnung liefert 16.4 dB , Feigenbaum [1979]. Nach einigen Verzweigungen sind die neu hinzukommenden Subharmonischen wegen des stets vorhandenen Rauschens nicht mehr erkennbar, Großmann [1983].

Das Leistungsspektrum nichtperiodischer, chaotischer Bewegungen hat keine einzelnen diskreten Linien mehr, sondern ist kontinuierlich wie das eines Rauschvorgangs und zeigt manchmal noch eine grobe Struktur von stärker vertretenen Frequenzanteilen.

5.5 Ljapunov-Exponenten

Die vollständige, quantitative Beschreibung nichtlinearer dynamischer Systeme ist aufgrund der möglichen irregulären Bewegungen ein scheinbar unlösbares Problem. Die Situation wird jedoch gemildert, wenn man zusätzlich auch statistische Methoden einsetzt. D.h. man betrachtet die Entwicklung gewisser gemittelter Größen, anstatt einer einzelnen Trajektorie, die von einer bestimmten Anfangsbedingung ausgeht. Zu den statistischen Größen, die in letzter Zeit vor allem zur Kennzeichnung des chaotischen Verhaltens an Bedeutung gewonnen haben, zählen die Ljapunov-Exponenten. Sie sind ein Maß für die mittlere Divergenz oder Konvergenz benachbarter Trajektorien.

Die quantitative Beschreibung eines dynamischen Systems erfordert die Definition eines Maßes, das unter dem Fluß φ_t invariant bleibt. Für die Abbildung $\varphi_t\colon M \to M$ des metrischen Raumes M, wird das invariante Maß μ mit der Eigenschaft $\mu(\varphi_{-t}(A)) = \mu(A)$ für jede beliebige Menge $A \in M$ definiert. Ist μ ein Wahrscheinlichkeitsmaß, dann gilt $\mu(M) = 1$.

Von Oseledec [1968] wurde die heute gebräuchliche Beschreibung der Ljapunov-Exponenten entwickelt. Die Grundlagen zur numerischen Berechnung wurden weitgehend von Benettin u.a. [1976,1980] gelegt. Man unterscheidet eindimensionale und mehrdimensionale Ljapunov-Exponenten. Beide werden im folgenden beschrieben.

5.5.1 Eindimensionale Ljapunov-Exponenten

Der Phasenraum werde durch eine N-dimensionale Mannigfaltigkeit M gebildet und man betrachtet eine Referenztrajektorie und eine benachbarte Trajektorie. Zur Zeit t_0 befindet sich die Referenztrajektorie an der Stelle $\mathbf{x}_0$ und die benachbarte Trajektorie an der Stelle $\mathbf{x}_0 + \Delta\mathbf{x}_0$. Ist der Abstandsvektor $\Delta\mathbf{x}$ sehr klein kann er näherungsweise als Tangentialvektor $\mathbf{w} \in T_x M$ angesehen werden. Unter der Wirkung des Flusses φ_t wird sich das System entwickeln und dabei ändert sich auch der Tangentialvektor $\mathbf{w}$, Bild 5.2. Die Länge des Tangentialvektors ist durch die euklidische Norm $\| \bullet \|$ bestimmt.

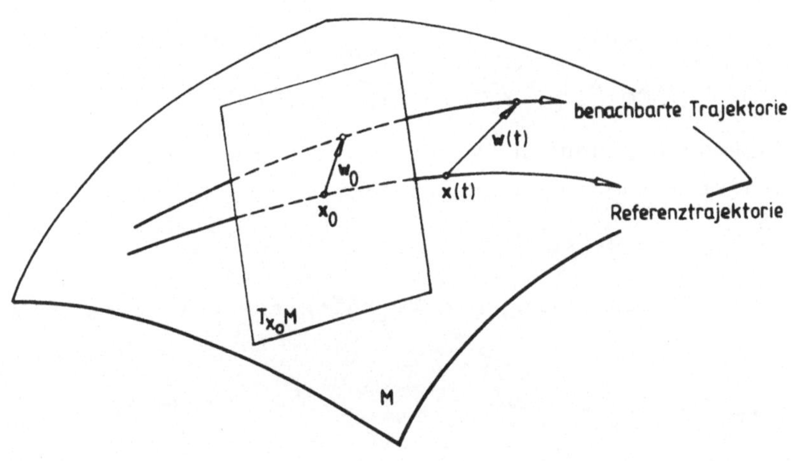

Bild 5.2. Zur Beschreibung von Referenztrajektorie und benachbarter Trajektorie

Die Zeitentwicklung von $\mathbf{w}$ ist durch den linearisierten Fluß gegeben,

$$\dot{\mathbf{w}} = Df(\mathbf{x}(t)) \bullet \mathbf{w} \tag{5.8}$$

mit der Jacobimatrix

$$Df(\mathbf{x}(t)) = \left. \frac{\partial \mathbf{f}(\mathbf{x})}{\partial \mathbf{x}} \right|_{\mathbf{x} = \mathbf{x}(t)} . \tag{5.9}$$

Der eindimensionale Ljapunov-Exponent ist dann definiert durch

$$\sigma(\mathbf{x}_0,\mathbf{w}_0) = \lim_{t\to\infty} \{ \frac{1}{t} \ln \frac{\|\mathbf{w}(t)\|}{\|\mathbf{w}_0\|} \} \quad . \tag{5.10}$$

Es kann gezeigt werden, daß σ existiert und endlich ist. Die in (5.10) definierten Ljapunov-Exponenten hängen von $\mathbf{x}_0 \in M$ und $\mathbf{w}_0 \in T_{x_0}M$ ab. Gleichung (5.8) repräsentiert ein homogenes, lineares, zeitvariantes Gleichungssystem, dessen Verhalten durch eine Fundamentalmatrix bestimmt ist. Dann existiert eine N-dimensionale orthonormale Basis $\{\mathbf{e}_i(\mathbf{x})\}$, $i=1,\dots,N$, so daß für jedes $\mathbf{x}_0$ die Ljapunov-Exponenten bis zu N verschiedene Werte annehmen können:

$$\sigma_i(\mathbf{x}_0) \equiv \sigma(\mathbf{x}_0,\mathbf{e}_i) \quad . \tag{5.11}$$

Die Ljapunov-Exponenten werden der Größe nach geordnet und in absteigender Reihenfolge indiziert,

$$\sigma_1 \geqslant \sigma_2 \geqslant \dots \geqslant \sigma_N \quad . \tag{5.12}$$

Besonders einfach sind die Verhältnisse bei linearen Systemen der Form

$$\dot{\mathbf{x}} = \mathbf{A}\mathbf{x} \quad . \tag{5.13}$$

Die exponentielle Divergenz oder Konvergenz wird dafür durch die Realteile der Eigenwerte λ_i von $\mathbf{A}$ beschrieben:

$$\sigma_i(\mathbf{x}) = \mathrm{Re}(\lambda_i) \quad . \tag{5.14}$$

Die normalen Richtungen sind durch die zugehörigen Eigenvektoren gegeben.

Es ist natürlich von Interesse, welchen Wert der Ljapunov-Exponent für eine zufällig gewählte Richtung $\mathbf{w}_0$ annimmt. Um dies zu untersuchen, zerlegt man $\mathbf{w}_0$ in Komponenten der normalen Basis $\{\mathbf{e}_i\}$,

$$\mathbf{w}_0 = \sum_{i=1}^{N} c_i\mathbf{e}_i \quad , \quad c_i \neq 0 \quad . \tag{5.15}$$

Für große Zeiten t läßt sich das Verhalten von $\mathbf{w}(t)$ durch die Mittelwerte der Expansion der normalen Richtungen beschreiben,

$$\|\mathbf{w}(t)\| = \|\sum_i c_i \mathbf{e}_i e^{\sigma_i t}\| = e^{\sigma_1 t} \|c_1 \mathbf{e}_1 + \sum_{i=2}^{N} c_i \mathbf{e}_i e^{(\sigma_i - \sigma_1)t}\| \; . \tag{5.16}$$

Der Ljapunov-Exponent wird damit zu

$$\begin{aligned}
\sigma(\mathbf{x}_0, \mathbf{w}_0) &= \lim_{t\to\infty} \frac{1}{t} \ln \frac{\|\mathbf{w}(t)\|}{\|\mathbf{w}_0\|} \\
&= \lim_{t\to\infty} \frac{1}{t} \ln \|\mathbf{w}(t)\| - \underbrace{\lim_{t\to\infty} \frac{1}{t} \ln \|\mathbf{w}_0\|}_{=0} \\
&= \underbrace{\lim_{t\to\infty} \frac{1}{t} \ln e^{\sigma_1 t}}_{\sigma_1} + \underbrace{\lim_{t\to\infty} \frac{1}{t} \ln \|c_1 \mathbf{e}_1 + \sum_{i=2}^{N} c_i \mathbf{e}_i e^{\overbrace{(\sigma_i - \sigma_1)t}^{\leq 0}}\|}_{=0} \\
&= \sigma_1 \; .
\end{aligned} \tag{5.17}$$

Der Ljapunov-Exponent nimmt also bei beliebiger Wahl des Abstandsvektors $\mathbf{w}_0$ mit Wahrscheinlichkeit eins den maximalen Wert an.

Für nichtperiodische Orbits existieren Eigenwerte und Eigenvektoren nicht. Oseledec [1968] konnte jedoch die Existenz der Basisvektoren $\mathbf{e}_i$, $i = 1,\ldots,N$, und der Ljapunov-Exponenten auch für nichtperiodische Orbits beweisen.

Für jeden Fluß $\boldsymbol{\varphi}_t$ generiert durch (2.1) muß wenigstens ein Ljapunov-Exponent verschwinden, falls alle Trajektorien beschränkt sind und nicht in einem Fixpunkt enden. Dieser Ljapunov-Exponent vom Wert null gehört zu der zur Trajektorie tangentialen Richtung, da $\mathbf{w}$ entlang des Flusses im Mittel konstant bleibt, Bild 5.3.

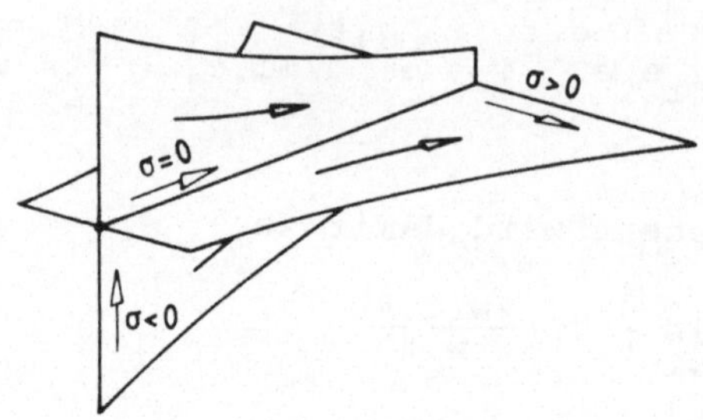

Bild 5.3. Zur Erklärung des Ljapunov-Exponenten vom Wert null beim Fluß

5.5.2 Mehrdimensionale Ljapunov-Exponenten

Der l-dimensionale Ljapunov-Exponent, $1 \leq l \leq N$, gibt die mittlere Volumenexpansion eines infinitesimalen, l-dimensionalen Parallelepipeds $\mathbf{w}^{(l)}$ unter dem Fluß φ_t an, Bild 5.4.

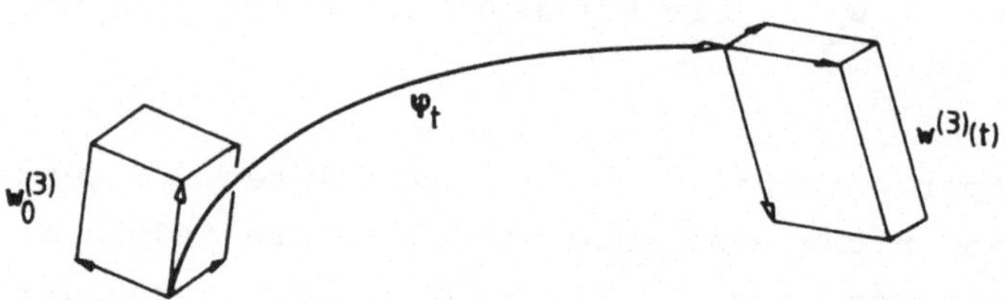

Bild 5.4. Verzerrung eines Parallelepipeds

Der l-dimensionale Ljapunov-Exponent ist definiert als

$$\sigma(\mathbf{x}_0,\mathbf{w}_0^{(l)}) = \lim_{t\to\infty} \{\frac{1}{t} \ln \frac{\|\mathbf{w}^{(l)}(t)\|}{\|\mathbf{w}_0^{(l)}\|}\} . \tag{5.18}$$

Nimmt man l normale Basisvektoren zum Aufspannen des Parallelepipeds $\mathbf{e}^{(l)}$, so können sich, je nach Auswahl der Richtungen, verschiedene Werte ergeben. Für den zweidimensionalen Ljapunov-Exponenten eines dreidimensionalen Systems heißt das:

$$\sigma(\mathbf{x}_0,\mathbf{w}_0^{(2)}) \in \{ (\sigma_1 + \sigma_2) , (\sigma_2 + \sigma_3) , (\sigma_3 + \sigma_1) \} . \tag{5.19}$$

Wird der l-dimensionale Exponent für ein zufällig gewähltes Parallelepiped $\mathbf{w}_0^{(l)}$ bestimmt, so ergibt sich analog zum eindimensionalen Fall mit Wahrscheinlichkeit eins der maximale Wert

$$\sigma(\mathbf{x}_0,\mathbf{w}_0^{(l)}) \equiv \sigma^{(l)}(\mathbf{x}) = \sum_{i=1}^{l} \sigma_i(\mathbf{x}) . \tag{5.20}$$

5.5.3 Ljapunov-Exponenten von Punktabbildungen

Bei Punktabbildungen beschreiben die Ljapunov-Exponenten das Verhalten in der Umgebung einer diskreten Referenztrajektorie.

Überlegungen, die analog zum Fall kontinuierlicher Systeme sind, führen zu der linearen, homogenen, zeitvarianten Differenzengleichung

$$\mathbf{w}(n+1) = D\mathbf{g}(\mathbf{x}(n))\, \mathbf{w}(n) , \tag{5.21}$$

mit der Jacobimatrix

$$D\mathbf{g}(\mathbf{x}(n)) = \left.\frac{\partial \mathbf{g}(\mathbf{x})}{\partial \mathbf{x}}\right|_{\mathbf{x} = \mathbf{x}(n)} . \tag{5.22}$$

Der Zusammenhang zwischen dem Anfangsabstandsvektor $\mathbf{w}_0$ und dem Abstandsvektor $\mathbf{w}(n)$ ist

$$\mathbf{w}(n) = \prod_{i=0}^{n-1} D\mathbf{g}(\mathbf{x}(i))\, \mathbf{w}_0 . \tag{5.23}$$

Damit sind die wesentlichen Unterschiede zum Fall kontinuierlicher Systeme genannt.

Für Punktabbildungen ist der l-dimensionale Ljapunov-Exponent definiert durch

$$\sigma(\mathbf{x}_0,\mathbf{w}_0^{(l)}) = \lim_{n\to\infty} \{\frac{1}{n} \ln \frac{\|\mathbf{w}^{(l)}(n)\|}{\|\mathbf{w}_0^{(l)}\|}\} \quad , \quad l = 1,\ldots,N \; . \tag{5.24}$$

Entspricht die Punktabbildung einer Poincaré-Abbildung eines kontinuierlichen Systems, so ist klar, daß dann der zur tangentialen Richtung gehörende Ljapunov-Exponent vom Wert null nicht auftritt.

Wird aus einem N-dimensionalen Fluß eine (N-1)-dimensionale Poincaré-Abbildung generiert, dann sind die Ljapunov-Exponenten der Punktabbildung proportional zu denen des Flusses

$$\sigma_i^{PA}(\mathbf{x}) = \bar{\tau}\,(\sigma_i(\mathbf{x})) \quad , \tag{5.25}$$

wobei der Exponent vom Wert null nicht berücksichtigt wird. Die Proportionalitätskonstante $\bar{\tau}$ ist die mittlere Zeit zwischen aufeinanderfolgenden Schnitten einer Trajektorie mit der Schnittfläche.

5.5.4 Bemerkungen zu den Ljapunov-Exponenten

Die Summe aller Ljapunov-Exponenten, also der N-dimensionale Ljapunov-Exponent, ist gleich der mittleren Divergenz des Flusses bzw. dem Logarithmus der mittleren Volumenexpansion der Abbildung. Sind diese Werte ortsunabhängig, so sind sie gleich den Mittelwerten und stellen eine gute Kontrollmöglichkeit dar.

Die Divergenz konservativer Systeme ist nach dem Satz von Liouville null. Also muß die Summe der Ljapunov-Exponenten bei konservativen Systemen ebenfalls null sein. Eine weitere Kontrollmöglichkeit liefert die Symmetrie der Ljapunov-Exponenten bei der wichtigsten Klasse konservativer Systeme, den Hamiltonschen Systemen:

$$\sigma_i = -\sigma_{N-i+1} \quad , \quad i = 1,\ldots,N \quad . \tag{5.26}$$

Aus dem Verhalten der Ljapunov-Exponenten bei Parameteränderungen können qualitative Änderungen der Attraktoren abgelesen werden. Für reguläres, periodisches Verhalten sind alle Ljapunov-Exponenten negativ (bis auf einen vom Wert null bei Flüssen). Tritt eine Verzweigung auf, so ist ein Ljapunov-Exponent null, die anderen negativ. Bei irregulärem, chaotischem Verhalten ist wenigstens ein Ljapunov-Exponent positiv.

Die Ljapunov-Exponenten sind für fast alle Anfangsbedingungen im Einzugsbereich eines Attraktors oder bei konservativen Systemen für einen zusammenhängenden Bereich, unabhängig von $\mathbf{x}$.

Da eine analytische Berechnung der Ljapunov-Exponenten i.a. nicht möglich ist, sind numerische Algorithmen notwendig. Ein solcher Algorithmus und ein entsprechendes Rechenprogramm wurde von Kleczka [1985] entwickelt. Dabei werden Normierungs- und Orthonormalisierungsmaßnahmen benutzt, um die Akkumulation von Rundungsfehlern zu unterdrücken. Der Aufwand zur Berechnung der Ljapunov-Exponenten steigt nur quadratisch mit der Dimension N. Die Charakterisierung nichtlinearer dynamischer Systeme mit Ljapunov-Exponenten ist deshalb auch für höherdimensionale Systeme vertretbar.

5.6 Dimension

Bei dissipativen Systemen findet das Langzeitverhalten in der Regel auf Attraktoren statt, die i.a. einen niedriger dimensionalen Unterraum des N-dimensionalen Phasenraumes einnehmen. Ein naheliegendes Unterscheidungsmerkmal verschiedenartiger Attraktoren ist deshalb deren Dimension. In der Literatur findet man eine Reihe unterschiedlicher Dimensionsdefinitionen, die in

Farmer [1981,1982] und Farmer u.a. [1983] zusammengestellt und diskutiert werden. In Kapitel 4 wurde bereits der Begriff der Ljapunov-Dimension eingeführt. Hier werden noch drei weitere Definitionen angegeben.

Die <u>topologische Dimension</u> D_T ist ganzzahlig und gibt an, wieviele ausgeprägte Richtungen auf einem Attraktor lokal existieren. Wegen den Berechnungsschwierigkeiten spielt diese Dimension in der Dynamik keine Rolle.

Die <u>fraktale Dimension</u> D_F wird oft auch als Kapazität bezeichnet. Zur Bestimmung geht man davon aus, daß ein Attraktor eine Menge darstellt, die durch N-dimensionale Hyperwürfel der Kantenlänge ε vollständig bedeckt wird. Für kleine ε ist die Zahl $M(\varepsilon)$ der Würfel dann proportional $(1/\varepsilon)^{D_F}$:

$$M(\varepsilon) \sim \left(\frac{1}{\varepsilon}\right)^{D_F} \quad . \tag{5.27}$$

Für $\varepsilon \to 0$ definiert man

$$D_F := \lim_{\varepsilon \to 0} \frac{\ln M(\varepsilon)}{\ln(1/\varepsilon)} \quad . \tag{5.28}$$

Bei der Definition der <u>Informationsdimension</u> D_I löst man sich von rein geometrischen Vorstellungen. Der Ort, an dem sich ein System im Phasenraum befindet, kann i.a. nur innerhalb einer Genauigkeit ε angegeben werden. Kennt man die Bewegungsgleichungen und die Wahrscheinlichkeiten $P_i(\varepsilon)$, mit denen sich das System in den $M(\varepsilon)$ Hyperwürfeln befindet, dann muß gelten

$$\sum_{i=1}^{M(\varepsilon)} P_i(\varepsilon) = 1 \quad . \tag{5.29}$$

Die Menge an Information, die notwendig ist, um den Systemzustand innerhalb einer Genauigkeit ε zu bestimmen, ist nach Shannon [1948] definiert durch

$$I(\varepsilon) = - \sum_{i=1}^{M(\varepsilon)} P_i(\varepsilon) \ln P_i(\varepsilon) \quad . \tag{5.30}$$

Dies entspricht damit auch der Information, die man aus einer Messung der Genauigkeit ε erhält. Mit wachsender Meßgenauigkeit nimmt die Information exponentiell zu. Die Informationsdimension wird schließlich definiert als

$$D_I := \lim_{\varepsilon \to 0} \frac{I(\varepsilon)}{\ln(1/\varepsilon)} \quad . \tag{5.31}$$

Sie gibt an, wie die Information bei steigender Meßgenauigkeit zunimmt:

$$I(\varepsilon) \approx D_I \ln(1/\varepsilon) \quad . \tag{5.32}$$

Im allgemeinen gilt zwischen den angegebenen Dimensionen die Beziehung

$$D_T \leq D_I \leq D_F \quad . \tag{5.33}$$

Für reguläre Attraktoren liefern alle Definitionen den gleichen ganzzahligen Wert. Für chaotische Attraktoren sind die Werte von D_I und D_F nicht mehr ganzzahlig.

Die tatsächliche Berechnung der drei in diesem Abschnitt behandelten Dimensionen ist i.a. mit größeren Schwierigkeiten verbunden, Bestle [1985].

5.7 Entropie und Kurzzeitvorhersagen

Der Entropiebegriff in dynamischen Systemen ist eng mit der Information verknüpft. Dies wird von Kolmogorov [1959] und Sinai [1959], siehe auch Lichtenberg und Lieberman [1983], zur Charakterisierung des chaotischen Verhaltens ausgenutzt.

Bisher wurde nur die Menge an Informationen betrachtet, die durch eine einzelne, isolierte Messung gewonnen werden kann. An einem kontinuierlichen System wird man jedoch wiederholt Messungen durchführen, um Aussagen über den Zustand machen zu können. Bei regulärem Systemverhalten ergeben wiederholte Messungen keine zusätzliche Information. Bei regellosem Systemverhalten mit exponentieller Divergenz der Trajektorien liefert jedoch jede neue Messung zusätzliche Information. Die Kolmogorov-Sinai-Entropie (KS-Entropie) oder metrische Entropie stellt eine obere Grenze für die mittlere vom Fluß pro Zeiteinheit produzierte Information dar.

Die KS-Entropie wird ebenfalls unter Verwendung einer Zerlegung des Phasenraumes in kleine Hyperwürfel definiert. Sie ist positiv für chaotisches Systemverhalten. Es ist deshalb nicht überraschend, daß die KS-Entropie mit dem Divergenzverhalten benachbarter Trajektorien, das durch positive Ljapunov-Exponenten gekennzeichnet wird, verknüpft ist. Von Pesin [1977] wurde der folgende Zusammenhang zwischen dem Spektrum der Ljapunov-Exponenten und der KS-Entropie h_μ für einen Bereich B des Zustandsraumes angegeben,

$$h_\mu = \int_B \{ \sum_{\sigma_i(\mathbf{x})>0} \sigma_i(\mathbf{x})\} \, p(\mathbf{x}) \, d\mathbf{x} \quad , \tag{5.34}$$

wobei $p(\mathbf{x})$ die invariante Wahrscheinlichkeitsdichte ist und die Summe über alle positiven Ljapunov-Exponenten zu nehmen ist. Im allgemeinen interessiert man sich für die Entropie eines zusammenhängenden Phasenraumbereichs, z.B. einen chaotischen Attraktor oder ein chaotisches Gebiet eines konservativen Systems. Für solche Bereiche ist das Spektrum der Ljapunov-Exponenten für fast alle Anfangsbedingungen unabhängig von $\mathbf{x}$ und (5.34) vereinfacht sich zu

$$h_\mu = \sum_{\sigma_i>0} \sigma_i \quad . \tag{5.35}$$

Das Verhalten stochastischer Systeme ist nicht vorhersagbar. Im Gegensatz dazu ist das Verhalten chaotischer Systeme für kurze Zeiträume vorhersagbar. Mit Hilfe der KS-Entropie und der Informationsdimension kann man abschätzen, wie zuverlässig die Vorhersage über einen gewissen Zeitraum bei einer gegebenen Meßgenauigkeit ε ist.

Die Information $I(t)$ nimmt anfänglich linear mit der Zeit ab, Bild 5.5. Der Informationsgehalt zur Zeit $t = 0$ sei gemäß (5.32) durch $I(0) = D_I \ln(1/\varepsilon)$ gegeben. Unter der Annahme eines linearen Verlaufs gilt dann

$$I(t) = I(0) - h_\mu t = D_I \ln \frac{1}{\varepsilon} - h_\mu t \quad . \tag{5.36}$$

Dann ist die Information über die Anfangsbedingung nach der charakteristischen Zeit

$$\tau = \frac{D_I \ln(1/\varepsilon)}{h_\mu} \tag{5.37}$$

verloren. Eine Erhöhung der Meßgenauigkeit hat eine Vergrößerung der Information und damit eine bessere Abschätzung zur Folge. Allerdings kann man in der Praxis ε nie beliebig klein machen.

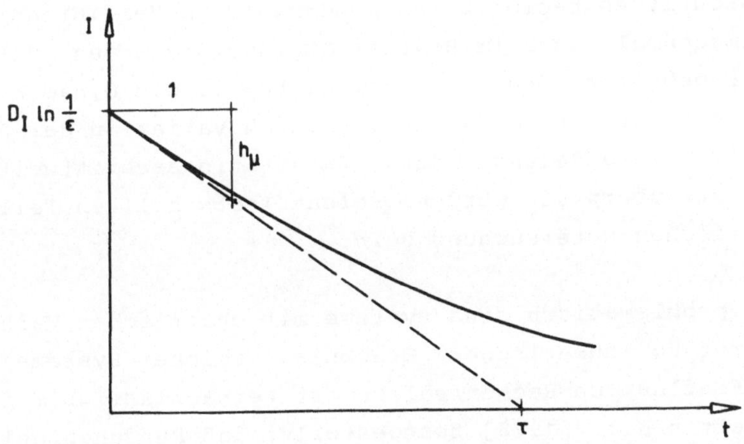

Bild 5.5. Typisches Verhalten von $I(t)$ für einen chaotischen Attraktor

Ein Problem stellt die Berechnung von D_I dar. Doch nach einer Vermutung von Kaplan und Yorke [1979] gilt

$$D_I = D_L \tag{5.38}$$

bis auf Ausnahmefälle (volumenbewahrende Flüsse sind solche Ausnahmen). Diese Vermutung wurde durch mehrere numerische Experimente bestätigt. Die Ljapunov-Exponenten stellen also auch zum Studium des Informationsverlustes ein wesentliches Hilfsmittel dar.

Die Abschätzung (5.37) ist grob, da die Ljapunov-Exponenten statistische Größen sind, für die keine Aussagen über die Streuung gemacht werden können. Dennoch lassen sich wichtige Hinweise über ein System aufgrund der Größenordnung von τ erhalten.

5.8 Kritische Wertung numerischer Ergebnisse

Numerische Berechnungen können nur mit endlicher Genauigkeit ausgeführt werden. Bei langen Integrationen oder sehr vielen Abbildungsschritten beeinflussen Rundungs- und Verfahrensfehler, die man manchmal auch im Begriff "Computerrauschen" zusammenfaßt, die Ergebnisse. Inwieweit solche Fehler die Dynamik beeinflussen, kann oft relativ einfach durch Variation der Rechengenauigkeit, Veränderung der Integrationsschrittweite und ähnliche Tests überprüft werden. Solche Tests sollten Teil einer jeden numerischen Untersuchung sein.

Besonders problematisch sind Systeme mit chaotischem Verhalten. Die Überprüfung numerischer Ergebnisse solcher Systeme zeigt, daß der Einfluß von Rechenfehlern oft vernachlässigbar ist. So haben Benettin u.a. [1978] festgestellt, daß Rundungsfehlereinflüsse auf die Berechnung der Ljapunov-Exponenten für strukturstabile Systeme gering sind. Anhand von Untersuchungen an der logistischen Abbildung konnte Mayer-Kress [1984] zeigen, daß durch Überlagerung von nicht zu starkem äußeren Rauschen die qualitativen Kennzeichen chaotischen Verhaltens nicht verloren gehen. Zwar wird der Verlauf einzelner Trajektorien wegen des exponentiellen Anwachsens kleiner Störungen völlig unterschiedlich sein, auf die Struktur des Attraktors hat dies jedoch keinen Einfluß.

Die endliche Genauigkeit bei der Zahldarstellung in Rechnern hat zur Folge, daß man nicht von einem kontinuierlichen, sondern von einem diskreten, gekörnten Zustandsraum auszugehen hat. Es gibt deshalb bei numerischen Abbildungen eigentlich keine nichtperiodischen Bewegungen. Dieser Umstand führt auf die Begründung der Zellabbildung, die im nächsten Kapitel ausführlich beschrieben wird.

5.9 Nichtautonomes System: Modifizierte Duffing-Gleichung

Zur Demonstration einiger Untersuchungsmethoden wird ein nichtautonomes System betrachtet, das durch die in Abschnitt 4.4 ausführlich beschriebene modifizierte Duffing-Gleichung (4.12) repräsentiert wird. Legt man der Punktabbildung wieder die Schnittfläche $\Sigma = \{(x_1, x_2, \Theta) \mid \Theta = 0\}$ durch den Fluß des autonomen Differentialgleichungssystems (4.13) zugrunde, dann ergibt sich für $d = 0.15$, $a = 0.3$ und $\omega = 1.0$ nach 6000 Abbildungsschritten der in Bild 5.6 wiedergegebene seltsame Attraktor. Die koexistierende P-1 Lösung ist ebenfalls eingetragen.

Änderungen von Systemparametern beeinflussen das qualitative Verhalten. Periodische Bewegungen werden infolge Verzweigungen chaotisch, aber auch das umgekehrte Verhalten kann beobachtet werden. Die Dämpfungsparameter eines dynamischen Systems sind i.a. nur sehr ungenau meßbar und unterliegen darüber hinaus starken Schwankungen infolge von äußeren Einflüssen wie z. B. Schmierung und Temperatur. Eine gezielte Änderung der Dämpfung ist in der Praxis nur bedingt möglich. Anders verhält es sich mit der Erregung. Sowohl deren Amplitude als auch deren Frequenz kann in technischen Systemen geändert werden. Eine gezielte Beeinflussung eines Systems aufgrund dieser Parameter ist also leicht möglich. Die Kenntnis der Parameterabhängigkeit des Systemverhaltens ist daher zur Vermeidung ungewollter Bewegungen und für einwandfreies Funktionieren einer technischen Anlage von großer Bedeutung.

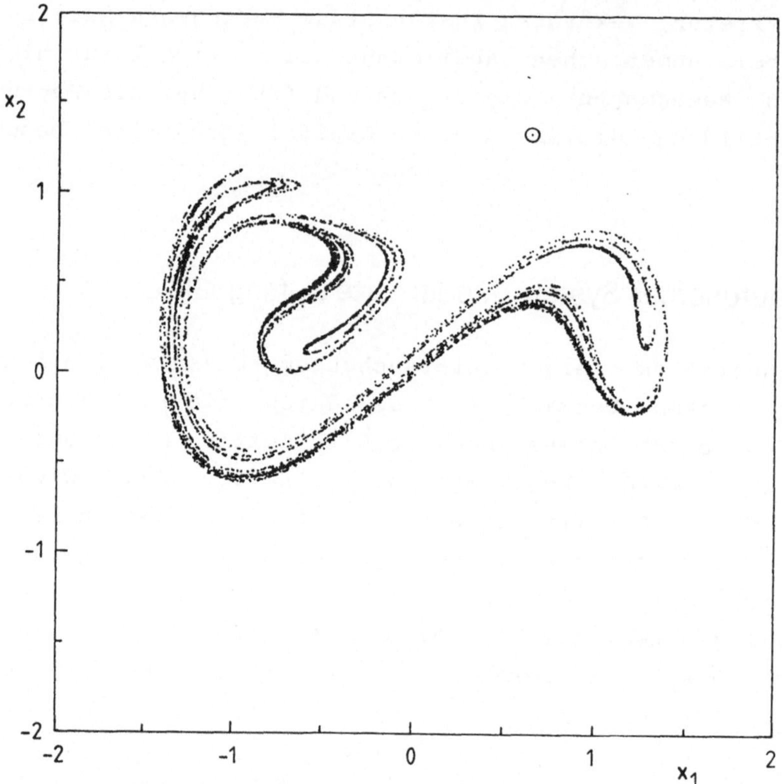

Bild 5.6. Seltsamer Attraktor nach 6000 Abbildungen und P-1 Lösung innerhalb " ○ "

Ein seltsamer Attraktor entsprechend Bild 5.6 existiert für einen relativ weiten Bereich der Parameter d und a . Für ω = 1.0 , a = 0.3 und d ε (0.05,0.5) ist in Bild 5.7 das Spektrum der Ljapunov-Exponenten wiedergegeben. Danach können folgende Phänomene beobachtet werden:

- Chaotisches Verhalten: $d \in (0.135, 0.415)$.
- Reguläre Fenster: z. B. $d \in (0.209, 0.225)$.
- Verzweigungen: z. B. für $d \approx 0.2096, 0.2104, 0.2139, 0.420, 0.434$.
- Koexistenz periodischer Lösungen: $d \in (0.43, 0.5)$.
- Koexistenz von chaotischem und periodischem Verhalten: $d \in (0.135, 0.175)$.

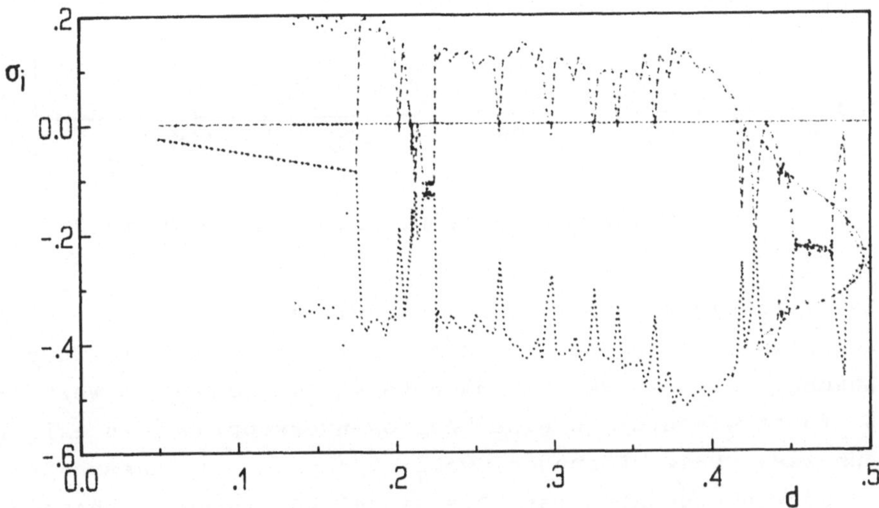

Bild 5.7. Ljapunov-Exponenten von (4.13) für $\omega = 1.0$, $a = 0.30$ und $d \in (0.05, 0.5)$

Wird das reguläre Fenster $d \in (0.209, 0.225)$ genauer untersucht, Bild 5.8, dann kann man für abnehmende d-Werte eine Verzweigungssequenz erkennen. Für $d = 0.220$ stellt sich eine P-3 Lösung ein, Bild 5.9a . An der Stelle $d = 0.2139$ tritt eine Verzweigung auf. Daraus resultiert jedoch keine Periodenverdopplung, sondern eine "Verzweigung mit Symmetriebrechung", d.h. statt einer ursprungsymmetrischen drei-periodischen Lösung treten zwei P-3 Lösung auf, die wechselseitig punktsymmetrisch sind. Der eine Grenzzykel geht durch Spiegelung am Ursprung in den anderen über, Bild 5.9b. Für den Wert $d = 0.2104$ findet die

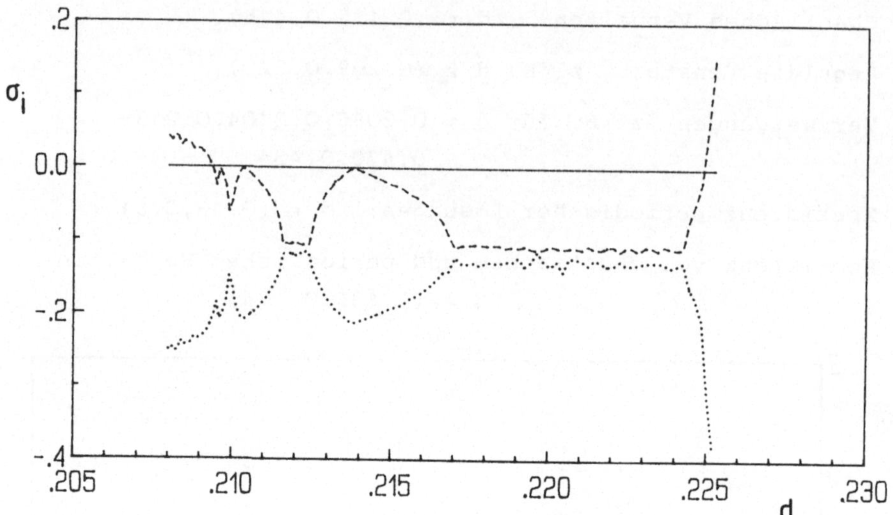

Bild 5.8. Vergrößerung des regulären Fensters von Bild 5.7

nächste Verzweigung statt. Dabei handelt es sich um eine Periodenverdopplung; jede der beiden P-3 Lösungen wird zu einer P-6 Lösung, Bild 5.9c. Die nächste Verzweigung beim Wert d = 0.2096 führt wiederum zu einer Periodenverdopplung, es existieren nun zwei P-12 Lösungen, wobei von einer ein Ausschnitt in Bild 5.9d wiedergegeben ist. Die einzelnen Linien im Phasenbild sind fast nicht mehr erkennbar, jedoch die durch X markierten Abbildungspunkte, momentane Zustände zu Beginn einer Anregungsperiode, deuten die P-12 Lösung an (vier weitere Punkte liegen im ersten Quadranten).

Die Amplitudenänderungen aufgrund der einzelnen Verzweigungen sind sehr gering, was auch durch den Parameter α vorhergesagt wird, der die Abnahme der Amplitudengabelung gemäß $1/\alpha$ bestimmt, vgl. Abschnitt 4.2.1. Die weiteren Verzweigungen bis zum chaotischen Verhalten sind aus dem Spektrum der Ljapunov-Exponenten nicht mehr erkennbar. Das Verhältnis der Intervalle, die auf der d-Achse für die Verzweigungen beobachtet werden, ist 4.61 und stimmt recht gut mit der Feigenbaumkonstanten δ überein.

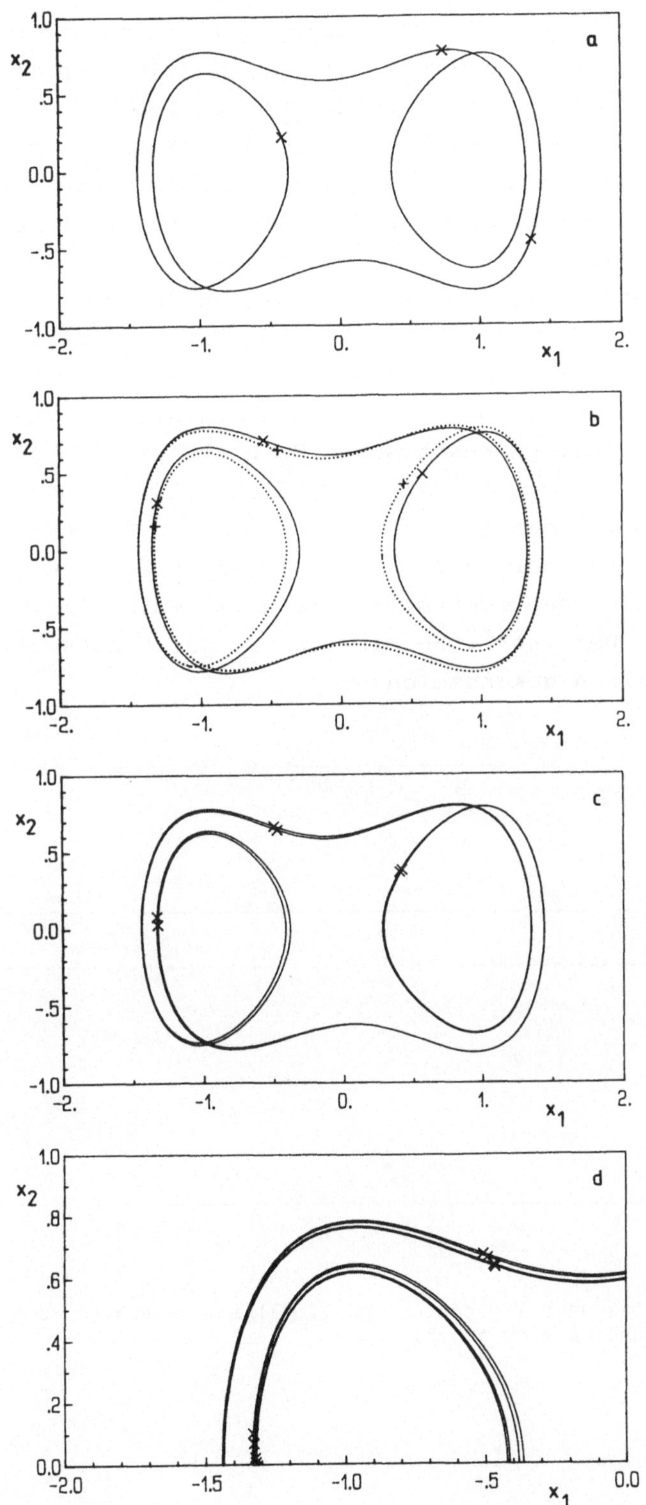

Bild 5.9. Periodische Lösungen zur Verzweigungssequenz von Bild 5.8

Im chaotischen Bereich von Bild 5.7 zeigt das Spektrum der Ljapunov-Exponenten außerdem an einigen Stellen stabiles periodisches Verhalten an. Dies ist nicht überraschend, denn Newhouse [1980] konnte zeigen, daß im Parameterraum beliebig nahe bei chaotischem Verhalten auch periodisches Verhalten auftritt. Die Werte für periodisches Verhalten sind dicht im Parameterraum. Zudem können bei gleichen Parameterwerten koexistierende chaotische und periodische Lösungen nahe beieinander liegen, Guckenheimer und Holmes [1983]. Der Einzugsbereich all dieser periodischen Lösungen ist jedoch sehr klein. Diese Lösungen sind deshalb praktisch unbedeutend, da kleinste Störungen bereits wieder ausschließlich chaotisches Verhalten zur Folge haben.

In Bild 5.10 ist das Spektrum der Ljapunov-Exponenten für $\omega = 1.0$, $d = 0.15$ über $a \epsilon (0.1,0.5)$ aufgetragen. Koexistenz von regulärem und chaotischem Verhalten ist für $a \epsilon (0.257,0.315)$ zu erwarten. Der restliche Bereich ist durch ausschließlich reguläres Verhalten gekennzeichnet.

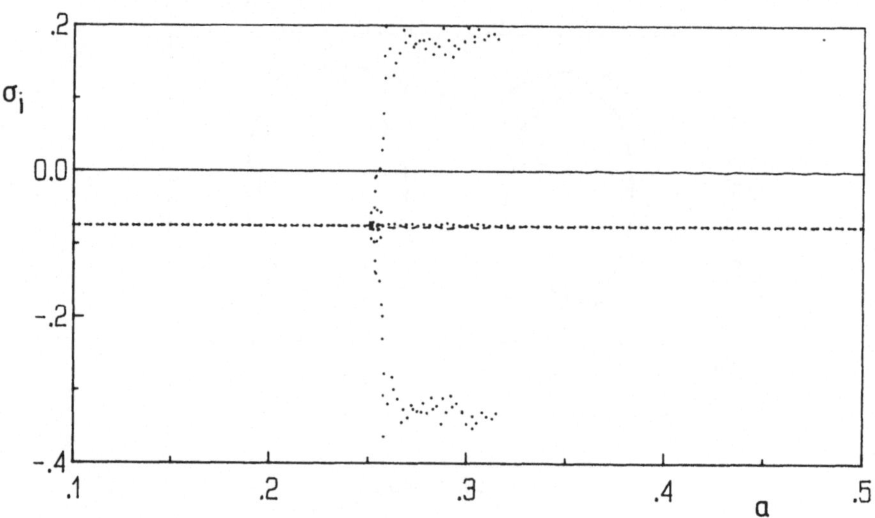

Bild 5.10. Ljapunov-Exponenten von (4.13) für $\omega = 1.0$, $d = 0.15$ und und $a \epsilon (0.1,0.5)$

Faßt man die Ergebnisse der Bilder 5.7 und 5.10 zusammen, dann ergibt sich für die untersuchten Parameterbereiche eine stärkere Abhängigkeit des qualitativen Systemverhaltens vom Dämpfungsparameter d als von der Anregungsamplitude a.

Daß die numerischen Ergebnisse auch im realen System bestätigt werden, zeigen eindrucksvoll die experimentellen Untersuchungen von Moon [1980].

6 Zellabbildungsmethode

Die Untersuchung nichtlinearer dynamischer Systeme mit Hilfe einer Punktabbildung liefert wesentlich bessere Aussagen über das Systemverhalten als die Betrachtung kontinuierlicher Trajektorien. Nur selten kann jedoch eine Punktabbildung analytisch angegeben und ausgewertet werden. Normalerweise wird die Abbildung durch numerische Integration bestimmt und numerisch ausgewertet. Dann kann z. B. die Berechnung einer Trajektorie auf verschiedenen Rechnern sehr leicht unterschiedliche Ergebnisse liefern. Die Ursache beruht auf den unterschiedlichen Rundungsfehlern bei der Zahldarstellung in Rechnern. Die geometrische Form eines Attraktors bleibt jedoch gewöhnlich erhalten. Die Zahldarstellung in einem Digitalrechner erlaubt es also nicht, die Zustandsvariablen als kontinuierlich anzusehen. Vielmehr hat man es mit einer großen Zahl von diskreten Werten zu tun. In Wirklichkeit führt diese Ungenauigkeit dazu, daß der Zustandsraum im Rechner durch eine Sammlung sehr kleiner Hyperwürfel ersetzt wird. Die Kantenlänge der Würfel ist durch die Genauigkeit der Zahldarstellung festgelegt. Die Vergröberung dieses Modells und unterschiedliche Kantenlängen führen zu den sogenannten Zellen, die die Basis der von Hsu [1980,1981] begründeten Zellabbildungsmethode sind.

Die Idee, den Zustands- oder Phasenraum zu diskretisieren, ist bereits in den Arbeiten von Kolmogorov [1959] und Sinai [1959] zu finden. Sie verwandten die Partitionierung des Zustandsraumes, um die Schwierigkeiten bei der Bestimmung der metrischen Entropie zu überwinden. Auch von Shaw [1981] wurde die Diskretisierung durch Zellen zur Erklärung von informationstheoretischen Aspekten in physikalischen Systemen herangezogen. Die Arbeiten von Hsu und auch die vorliegende Arbeit unterscheiden sich von den o.g. dadurch, daß die numerischen und rechentechnischen Probleme im Zusammenhang mit der Zellabbildungsmethode im Vordergrund stehen. Im Rahmen der Zellabbildungsmethode werden ausschließlich dynamische Systeme untersucht, deren Punktabbildung autonom ist.

Nach einer kurzen mathematischen Formulierung der Diskretisierung des Zustandsraumes werden zwei Arten der Zellabbildungsmethode näher behandelt: die deterministische "einfache Zellabbildung" und die wahrscheinlichkeitstheoretische "allgemeine Zellabbildung". Die mathematische Beschreibung der allgemeinen Zellabbildung führt auf Markov-Ketten. Deshalb werden auch einige Ergebnisse aus der Theorie der Markov-Ketten wiedergegeben. Hinweise zu Rechenalgorithmen und Beispiele ergänzen die theoretischen Ausführungen.

6.1 Diskretisierung des Zustandsraumes

In der Praxis ist man am Systemverhalten in einem möglicherweise zwar großen aber doch begrenzten Bereich des Zustandsraumes interessiert. Mit dem Zustandsvektor $\mathbf{x} \in \mathbf{R}^N$ wird der interessierende Bereich $\Omega \in \mathbf{R}^N$ des Zustandsraumes durch die Werte der Koordinaten zwischen einer unteren und oberen Schranke definiert:

$$x_i^{(u)} \leqslant x_i < x_i^{(o)} \quad , \quad i = 1,\ldots,N \quad . \tag{6.1}$$

Die Unterteilung der Koordinatenachsen innerhalb dieser Schranken in N_{zi} kleine Intervalle der Breite

$$h_i = \frac{x_i^{(o)} - x_i^{(u)}}{N_{zi}} \quad , \quad i = 1,\ldots,N \quad , \tag{6.2}$$

führt auf eine Einteilung des Zustandsraumes in N_r Teilgebiete $\Omega_j \subset \Omega$. Die Teilgebiete Ω_j werden reguläre Zellen genannt und durchnumeriert, $j = 1,\ldots,N_r$. Der nicht interessierende Bereich $\Omega_o = \mathbf{R}^N \setminus \Omega$ des Zustandsraumes wird als Sinkzelle oder nullte Zelle, j = 0, bezeichnet. Wird das System in die Sinkzelle abgebildet, so interessiert man sich nicht mehr für seine weitere Entwicklung von dort aus. Diese Art der Diskretisierung führt vom kontinuierlichen Zustandsraum zum Zellraum S mit einer endlichen Zahl von Zellen, $S = \{0,1,\ldots,N_r\}$. Eine darauf beruhende Abbildung benutzt damit nur nichtnegative ganze Zahlen. Für einen zweidimensionalen Zustandsraum ist die Diskretisierung in Bild 6.1 veranschaulicht.

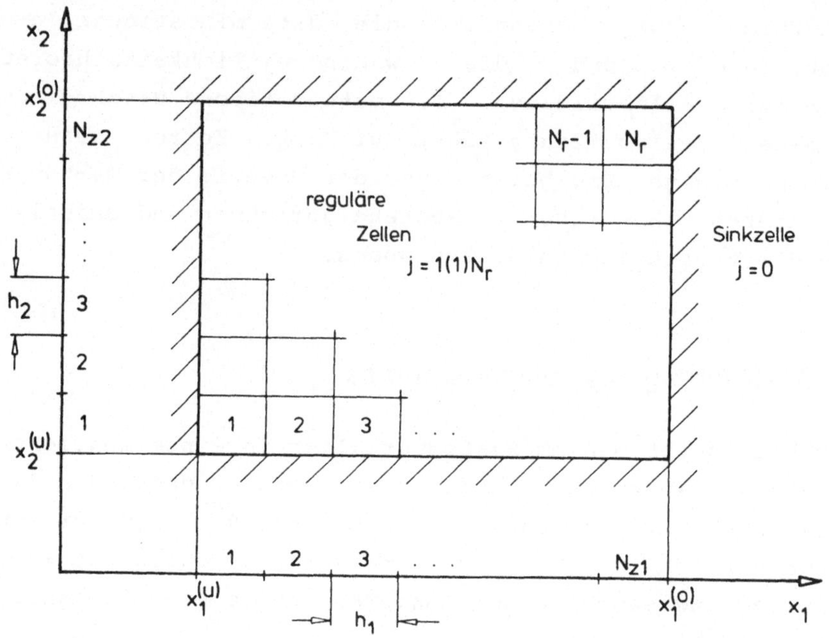

Bild 6.1. Zur Diskretisierung des Zustandsraumes

Natürlich sind auch beliebige andere Zellformen denkbar, aber die hier gewählten Hyperquader sind für die numerische Auswertung naheliegend und auch günstig.

Der Zustand des Systems zum Zeitpunkt n wird nun durch eine neue diskrete Zustandsvariable ξ beschrieben, die durch

$$\xi(n) = j \in S \iff \mathbf{x}(n) \in \Omega_j \tag{6.3}$$

definiert ist. Später wird gezeigt, daß ξ auch als Zufallsvariable angesehen werden kann.

__Anmerkung:__ Der Zustand des Systems zum Zeitpunkt n wird durch $\mathbf{x}(n) \in \mathbf{R}^N$ angegeben. Liegt dieser Zustand in der Zelle Ω_j, so wird durch $\xi(n) = j$ eigentlich kein Zustand beschrieben, da infolge der Diskretisierung eine gewisse Unschärfe über den exakten Aufenthalt in Kauf genommen werden muß. Vielmehr ist die Wahrscheinlichkeit eins, daß der Zustand in Zelle Ω_j ist. Zur Vermeidung von Mißverständnissen wird daher definiert, daß das System sich in Zelle j befindet, wenn $\mathbf{x}(n)$ in Ω_j liegt.

Geht man von einer kontinuierlichen Darstellung der Punktabbildung aus, dann kann die Zahl der Abbildungspunkte unendlich groß werden. Die Diskretisierung des Zustandsraumes durch Zellen führt dagegen auf eine endliche Zahl von möglichen Zellen zur Beschreibung der Dynamik. Daher können nichtperiodische Bewegungen im Rahmen der Zellabbildungsmethode nicht auftreten. Die Zellabbildung scheint deshalb nur zur Untersuchung periodischer Bewegungen geeignet zu sein. Es wird sich jedoch zeigen, daß auch nichtperiodische und chaotische Bewegungen analysiert werden können.

Auf der Grundlage der angegebenen Diskretisierung werden nun die einfache Zellabbildung und die allgemeine Zellabbildung behandelt.

6.2 Einfache Zellabbildungsmethode

Eine Abbildung, die als Bild einer Zelle nur eine einzelne Zelle zuläßt, wird einfache Zellabbildung genannt. Dazu wird die Abbildung (2.23) auf einen repräsentativen Punkt der Zelle $\xi(n) = j$, z. B. den Mittelpunkt $\mathbf{x}^*(n)$, angewandt, Bild 6.2. Die durch den Bildpunkt

$$\mathbf{x}^*(n+1) = \mathbf{g}(\mathbf{x}^*(n)) \tag{6.4}$$

identifizierbare Zelle wird dann zur einzigen Bildzelle von j. D. h., das Bild der Zelle $\xi(n) = j$ wird bestimmt durch $\mathbf{g}(\mathbf{x}^*) \in \Omega_j$. Dieses Vorgehen wird als Mittelpunktsmethode bezeichnet.

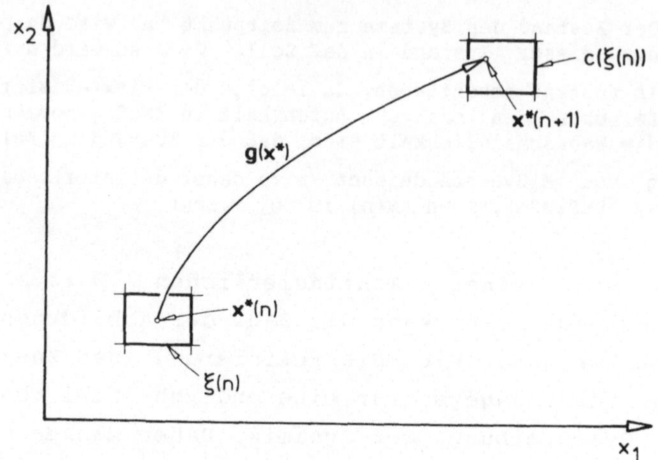

Bild 6.2. Zur Definition der einfachen Zellabbildung

Formal wird diese einfache Abbildungsvorschrift durch eine Abbildung c beschrieben, die eine Zelle $\xi(n)$ zum Zeitpunkt n in eine Zelle $\xi(n+1)$ zum Zeitpunkt $n+1$ überführt:

$$\xi(n+1) = c(\xi(n)) \quad , \quad c: S \rightarrow S \quad . \tag{6.5}$$

Speziell für die Sinkzelle wird definiert $c(0) = 0$. Durch die Abbildung c werden also ganze Zahlen auf ganze Zahlen abgebildet.

6.2.1 Gleichgewichtszellen

Eine Zelle ξ^* , welche der Gleichung

$$\xi^* = c(\xi^*) \tag{6.6}$$

genügt, wird als Gleichgewichtszelle bezeichnet. Oft treten Gleichgewichtszellen nicht einzeln auf, sondern mehrere benachbarte Zellen bilden zusammen einen Kern von Gleichgewichtszellen. Die Größe des Kerns ist definiert als die Zahl der Zellen im Kern. Für $h_i \rightarrow 0$ geht die Größe des Zellkerns gegen eins.

6.2.2 Periodische Zellen

Wird mit c^m die m-fach angewandte Abbildung c bezeichnet, wobei c^0 die identische Abbildung bedeutet, dann wird eine Folge von k verschiedenen Zellen $\xi^*(l)$, $l = 1,\ldots,k$, welche

$$\xi^*(m+1) = c^m(\xi^*(1)) \quad , \qquad m = 1,\ldots,k-1 \; , \tag{6.7}$$

$$\xi^*(1) = c^k(\xi^*(1)) \quad , \tag{6.8}$$

erfüllt, eine periodische Bewegung der Periode k für die Zellabbildung c genannt. Man bezeichnet dies auch als P-k Bewegung, und jedes Element $\xi^*(l)$ wird periodische Zelle der Periode k oder P-k Zelle genannt. Die periodischen Zellen der Periode k bilden zusammen eine Gruppe periodischer Zellen. Eine Gleichgewichtszelle ist gemäß dieser Vereinbarung eine P-1 Zelle. Für den zweidimensionalen Fall ist in Bild 6.3 eine P-1 und P-2 Bewegung angegeben.

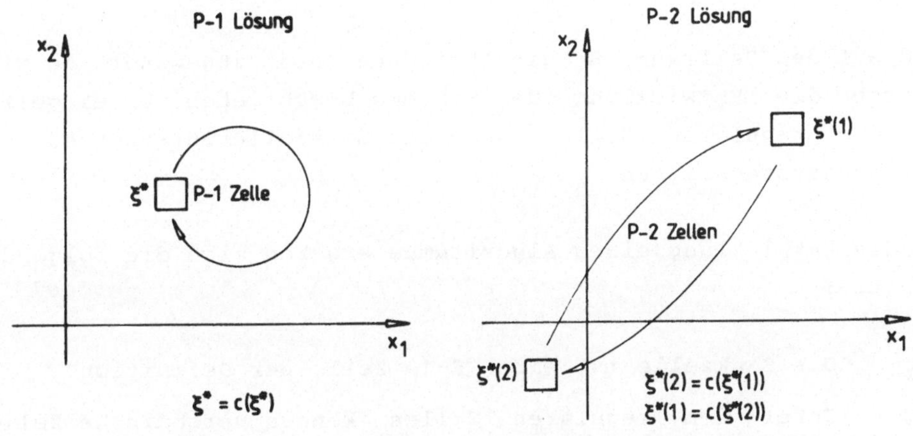

Bild 6.3. P-1 und P-2 Bewegung für eine zweidimensionale Zellabbildung

6.2.3 Einzugsbereiche

Eines der wichtigsten Vorhaben jeder globalen Analyse eines dissipativen nichtlinearen dynamischen Systems ist die Bestimmung der Einzugsbereiche asymptotisch stabiler Lösungen.

Eine Zelle ξ ist r-Schritte von einer P-k Bewegung entfernt, wenn r die minimale positive ganze Zahl ist, für die gilt $c^r(\xi) = \xi^*(1)$, wobei $\xi^*(1)$ eine der P-k Zellen der P-k Bewegung ist. Mit anderen Worten, ξ wird in r Schritten in eine der P-k Zellen einer P-k Bewegung abgebildet; die weitere Abbildung verläuft als P-k Bewegung.

Die Menge aller Zellen, die r Schritte oder weniger von der P-k Bewegung entfernt sind, wird als "r-Schritte Einzugsbereich" der P-k Bewegung bezeichnet. Den gesamten Einzugsbereich, oder einfach den Einzugsbereich einer P-k Bewegung erhält man mit $r \to \infty$.

6.2.4 Bemerkungen zum Algorithmus

Wird auf den Zellraum S die Abbildung (6.5) angewandt, so wird dadurch die Entwicklung des Systems beschrieben. Dabei gelten für die regulären Zellen und die Sinkzelle unterschiedliche Abbildungsvorschriften.

Für die Entwicklung eines Algorithmus ergeben sich die folgenden Schritte:

(i) Die Sinkzelle ist eine P-1 Zelle per Definition.

(ii) Unter den regulären Zellen können periodische Zellen sein, die zu verschiedenen periodischen Bewegungen gehören. Die Zahl der periodischen Zellen kann sehr groß sein, sie kann jedoch N_r nicht übersteigen.

<u>Anmerkung:</u> Damit kann im Fall der Zellabbildung nicht mehr von chaotischen Bewegungen gesprochen werden. Es können nur P-k Bewegungen auftreten, wobei jedoch k groß werden kann.

(iii) Die Entwicklung des Systems, ausgehend von jeder regulären Zelle, kann dann nur drei verschiedene Resultate liefern:

(iii-1) Zelle ξ ist selbst periodische Zelle einer periodischen Bewegung.

(iii-2) Zelle ξ wird in r Schritten in die Sinkzelle abgebildet. Die Zelle gehört dann zum r-Schritte Einzugsbereich der Sinkzelle.

(iii-3) Zelle ξ wird in r Schritten in eine periodische Zelle einer periodischen Bewegung abgebildet. Danach ist die Abbildung periodisch. In diesem Fall gehört die Zelle zum r-Schritte Einzugsbereich der periodischen Bewegung.

Der Algorithmus besteht im wesentlichen aus dem Aufrufen einer Zelle und der Auswertung der Abbildungssequenz

$$\xi \rightarrow c(\xi) \rightarrow c^2(\xi) \rightarrow \ldots \rightarrow c^m(\xi) \quad . \tag{6.9}$$

Eine solche Sequenz wird als Prozeßsequenz m-ter Ordnung von ξ bezeichnet. Im Algorithmus werden die Zellen in sequentieller Folge, $\xi = 0,1,2,\ldots,N_r$, behandelt. Man startet mit einer noch nicht behandelten Zelle ξ und prüft die Prozeßsequenz (6.9). Bei jedem Schritt sind die in (iii) angegebenen Fälle möglich.

Das zu diesem Algorithmus gehörende Programm ist also kein Rechenprogramm, es ist vielmehr ein Sortier- oder Klassifikationsprogramm. Der Algorithmus ist sehr einfach zu implementieren und außerdem schnell. Ein entsprechendes Programm ist in Hsu und Guttalu [1980] beschrieben und wurde auch am Institut B für Mechanik der Universität Stuttgart entwickelt.

6.2.5 Eigenschaften der einfachen Zellabbildung

Einige lokale Eigenschaften der einfachen Zellabbildung, die bei kleinen Zellgrößen zu erwarten sind, werden im folgenden zusammengestellt:

- Durch den Diskretisierungsprozeß entstehen oft mehr als nur eine einzelne periodische Zelle, die zusätzlichen Zellen, die sich um eine periodische Zelle anlagern werden Pseudozellen genannt.

- Der Stabilitätscharakter einer Punktabbildung bleibt erhalten. Eine asymptotisch stabile P-1 Lösung wird durch einen anziehenden Kern periodischer Zellen ersetzt. Eine instabile P-1 Lösung wird durch einen abstoßenden Kern der Zellabbildung ersetzt.

- Geht die Zellgröße $h \to 0$, dann schrumpft der Zellkern auf eine Zelle zusammen.

6.2.6 Beispiel zur einfachen Zellabbildung

Der bereits mehrfach benutzte nichtlineare Schwinger mit kubischer Rückstellfunktion, beschrieben durch die Duffingsche Gleichung

$$\ddot{x} + d\,\dot{x} - x + x^3 = a \cos \omega t \,, \qquad (6.10)$$

wird wiederum als Demonstrationsbeispiel herangezogen. Die zu (6.10) gehörende einfache Zellabbildung wird entsprechend der Mittelpunktsmethode durch numerische Integration mit den Parameterwerten $d = 0.15$, $a = 0.3$ und $\omega = 1.0$ bestimmt. Aus (6.10) wird gemäß (4.13) ein System autonomer Differentialgleichungen gebildet. Die Diskretisierungszeit zur Bestimmung der Punktabbildung wird zu $\tau = 2\pi$ gewählt.

Der reguläre Zellbereich wurde zu $x_i \in [-2,2]$, $i = 1,2$, festgelegt und mit $N_{zi} = 100$, $i = 1,2$, in 10000 Zellen eingeteilt. Die Kantenlänge der Zellen ergibt sich dann zu

$h_i = 0.04$, $i = 1,2$.

Das Zellabbildungsprogramm liefert eine P-2 und eine P-5 Lösung, die die P-1 Lösung der Punktabbildung ersetzen. Der seltsame Attraktor wird durch je eine P-6 , P-8 und P-17 Lösung ersetzt. Die Grenze der Einzugsgebiete wird durch die stabile Mannigfaltigkeit eines Sattelpunktes repräsentiert. Der Sattelpunkt wird durch eine P-1 Zelle ersetzt, und die stabile Mannigfaltigkeit durch 12 Zellen repräsentiert, Bild 6.4.

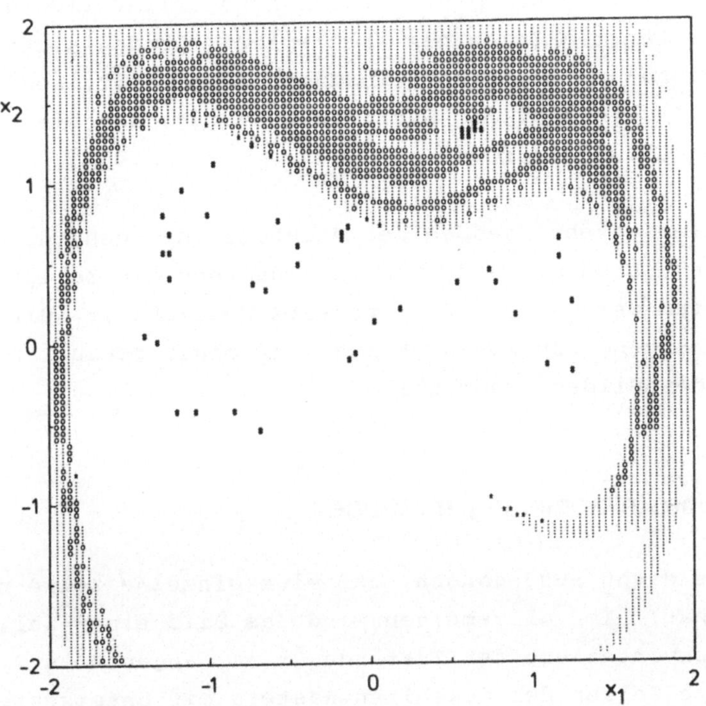

Bild 6.4. Periodische Lösungen der einfachen Zellabbildung von (6.10) mit Aufteilung des Einzugsgebietes des regulären Attraktors (s.a. Farbtafel 1)

: periodische Zellen

: Zellen der stabilen Mannigfaltigkeit

: $r \in \{ [1,3] , [7,\infty] \}$

: $r \in [4,6]$

In Bild 6.4 ist das Einzugsgebiet des regulären Attraktors nach verschiedenen Schrittzahlen zerlegt. Daraus läßt sich die Stärke der Anziehung eines Attraktors ablesen. Das Einzugsgebiet des seltsamen Attraktors wird durch die nicht markierten Zellen gebildet.

Die Ergebnisse der einfachen Zellabbildung zeigen, daß eine gewisse Erfahrung nötig ist, um die richtige Interpretation der tatsächlichen Verhältnisse angeben zu können. Um sich aber schnell ein globales Bild über die Stabilitätsverhältnisse eines Problems zu machen, hat sich die einfache Zellabbildungsmethode sehr gut bewährt. In einem Rechenlauf werden nicht nur die Einzugsbereiche periodischer Lösungen ermittelt, sondern auch für jede Zelle die Zahl der Schritte bestimmt, die sie von einer periodischen Lösung entfernt ist.

Den Vorteilen steht jedoch der Nachteil entgegen, daß für ein detailliertes Studium des Systemverhaltens die Zellgröße sehr klein gehalten werden muß. Eine bessere Möglichkeit, dieses Problem befriedigend zu lösen, beruht auf einer genaueren Berücksichtigung des Bildes einer Zelle.

6.3 Allgemeine Zellabbildungsmethode

Bisher wurde davon ausgegangen, daß eine einzelne Zelle nur eine Bildzelle hat. Im allgemeinen wird das Bild einer Zelle Ω_j, wobei Gleichverteilung der Zustände $\mathbf{x}(n)$ angenommen wird, jedoch mehrere Zellen des gewählten Rasters mit unterschiedlichen Anteilen überdecken, Bild 6.5. Jede Bildzelle wird dann nur noch einen Bruchteil der Bildpunkte der Zustände in Ω_j enthalten.

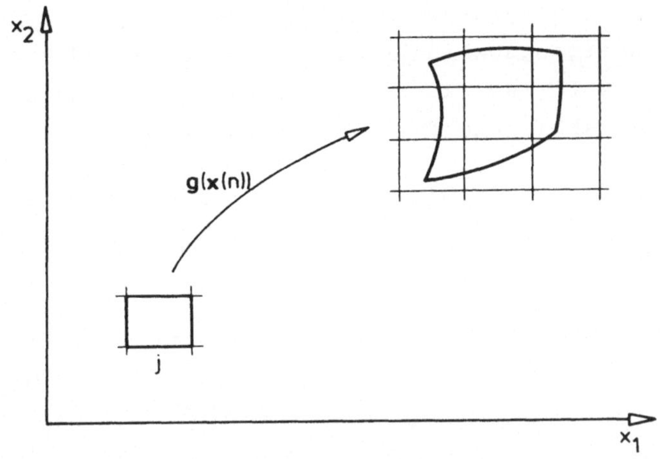

Bild 6.5. Zur Definition der allgemeinen Zellabbildung

Befindet sich das System zur Zeit $t = n$ in Zelle Ω_j, so läßt sich der Zustand nach einem Abbildungsschritt nicht mehr in einer einzelnen Zelle lokalisieren. Es können lediglich die Wahrscheinlichkeiten $\zeta_i(n+1)$ berechnet werden, mit denen sich der Systemzustand zur Zeit $t = n+1$ in verschiedenen Bildzellen Ω_i befinden wird.

$$\zeta_i(n+1) = W\,[\xi(n+1) = i] \quad , \quad i \in S \quad . \tag{6.11}$$

Diese Art der Betrachtung bedeutet natürlich nicht, daß die Bewegung mit einer Zufälligkeit behaftet ist. Die Wahrscheinlichkeiten werden im Zellwahrscheinlichkeitsvektor oder kurz Wahrscheinlichkeitsvektor $\zeta(n+1)$ mit den Komponenten $\zeta_i(n+1)$, $i = 0,1,\ldots,N_r$, zusammengefaßt.

Die Wahrscheinlichkeiten, mit denen das System vom Zustand j zum Zeitpunkt n in den Zustand i zum Zeitpunkt $n+1$ übergeht, werden als bedingte Übergangswahrscheinlichkeiten definiert:

$$p_{ij} = W\,[\,\xi(n+1) = i \mid \xi(n) = j\,] \quad , \quad i,j \in S \quad . \tag{6.12}$$

Faßt man die Übergangswahrscheinlichkeiten p_{ij} als die Komponenten einer Übergangswahrscheinlichkeitsmatrix oder Abbildungsmatrix $\mathbf{P}$ auf, so kann die Systementwicklung aufgrund der allgemeinen Zellabbildung durch die Gleichung

$$\zeta(n+1) = \mathbf{P}\zeta(n) \quad , \quad \zeta(0) = \zeta_o \quad , \tag{6.13}$$

beschrieben werden.

Für die Komponenten ζ_i des Wahrscheinlichkeitsvektors und für die Übergangswahrscheinlichkeiten p_{ij} gelten die folgenden Beziehungen:

$$\zeta_i \geq 0 \quad , \tag{6.14}$$

$$\sum_{i \varepsilon S} \zeta_i = 1 \quad , \tag{6.15}$$

$$p_{ij} \geq 0 \quad , \tag{6.16}$$

$$\sum_{i \varepsilon S} p_{ij} = 1 \quad . \tag{6.17}$$

Wegen (6.16) und (6.17) ist $\mathbf{P}$ eine stochastische Matrix. Da nur autonome Punktabbildungen betrachtet werden, hängt die Matrix $\mathbf{P}$ von n nicht ab. Solche Abbildungsmatrizen werden stationär genannt, d.h., es werden nur stationäre Zellabbildungen behandelt.

Für eine durch den Anfangszustand $\zeta(0)$ beschriebene Wahrscheinlichkeitsverteilung über dem Zellraum S wird dann die schrittweise Entwicklung des Systems durch

$$\zeta(n) = \mathbf{P}^n \, \zeta(0) \tag{6.18}$$

bestimmt. Die Abbildungsmatrix $\mathbf{P}$ beschreibt also den Entwicklungsprozeß des Systems vollständig. Die Eigenschaften von $\mathbf{P}$ sind somit eng mit dem Systemverhalten verknüpft.

Anmerkung: Außer den Eigenschaften (6.16) und (6.17) gilt, daß in $\mathbf{P}$ keine Nullspalten, jedoch Nullzeilen auftreten können. Besteht die i-te Zeile nur aus Nullen, so ist die Zelle Ω_i von keiner Zelle von S zugänglich. Für die j-te Spalte repräsentieren die Elemente ungleich 0 das mögliche Bild der Zelle Ω_j unter der Abbildung (6.13). Die Sinkzelle wird stets vollständig auf sich selbst abgebildet. Deshalb ist das 0-te Element der 0-ten Spalte das einzige von Null verschiedene Element und hat den Wert eins.

Die einfache Zellabbildung ist ein Spezialfall der allgemeinen Zellabbildung. Die Abbildungsmatrix hat dann nur ein von 0 verschiedenes Element in jeder Spalte und der Wahrscheinlichkeitsvektor hat ebenfalls nur ein von Null verschiedenes Element. Jedes dieser Elemente hat den Wert eins.

Die allgemeine Zellabbildung stellt damit einen stochastischen Prozeß dar, für den gelten soll:

- Die Betrachtung erfolgt nur zu diskreten Zeitpunkten.

- Der Zustand zur Zeit $t = n+1$ hängt nur vom Zustand zur Zeit $t = n$ ab, nicht aber von früheren Zuständen:

$$W\,[\xi(n+1) = i \mid \xi(n) = j\ ,\ \xi(n-1) = k, \ldots, \xi(0) = l] \equiv W\,[\xi(n+1) = i \mid \xi(n) = j] \quad . \tag{6.19}$$

  Die Zellabbildung genügt damit der Markov-Eigenschaft.

- Die Zahl der möglichen Zustände ist endlich. Man nennt den Prozeß deshalb endlich.

- Da nur autonome Punktabbildungen betrachtet werden, sind die Übergangswahrscheinlichkeiten vom Zeitpunkt des Übergangs unabhängig:

$$W\,[\xi(n+1)=i \mid \xi(n)=j] \equiv W\,[\xi(n+1+k)=i \mid \xi(n+k)=j]. \tag{6.20}$$

  Ein so definierter Prozeß bildet eine stationäre oder homogene Markov-Kette.

Die allgemeine Zellabbildung wird damit durch eine endliche, zeitdiskrete, stationäre Markov-Kette mit dem Zellraum S beschrieben. Die Eigenschaften einer Markov-Kette und auch die eines dynamischen Systems, werden damit ausschließlich durch die Abbildungsmatrix **P** wiedergegeben.

6.4 Zur Theorie der Markov-Ketten

Ein grundlegendes Problem bei der Analyse dynamischer Systeme ist die Untersuchung des Langzeitverhaltens. In dissipativen Systemen wird dies durch Attraktoren gekennzeichnet, die innerhalb eines zugehörigen Einzugsgebietes liegen. Soll die allgemeine Zellabbildung zu einem wirksamen Instrument bei der Untersuchung nichtlinearer dynamischer Systeme werden, so müssen charakteristische Größen zur Erfassung der genannten Phänomene definiert werden.

Im folgenden werden deshalb Definitionen und Ergebnisse aus der Theorie der Markov-Ketten wiedergegeben, die für die Untersuchungen dynamischer Systeme mit der Zellabbildungsmethode von Bedeutung sind. Die Beschreibung stützt sich teilweise auf die Arbeit von Hsu [1981]. Weitergehende Grundlagen sowie Beweise einzelner Sätze sind z. B. in Berman und Plemmons [1979], Chung [1967], Isaacson und Madsen [1976] zu finden.

Im Rahmen der Zellabbildung hat man es mit Markov-Ketten mit einer großen Zahl von Zuständen zu tun. Die Theorie der Markov-Ketten ist zwar weit entwickelt, nicht aber deren numerische Analyse bei einer sehr großen Zahl von Zuständen. Die hierfür in Hsu, Guttalu und Zhu [1982] beschriebenen Algorithmen wurden teilweise modifiziert und ergänzt, damit auch die Bestimmung von Absorptionswahrscheinlichkeiten und erwarteten Absorptionszeiten von flüchtigen Zuständen in beharrliche Zustände auf effiziente Weise möglich ist, Bestle und Kreuzer [1986].

6.4.1 Definitionen aus der Theorie der Markov-Ketten

In der Literatur über Markov-Ketten beschreibt das Element p_{ij} der Abbildungsmatrix $\mathbf{P}$ i.a. den Übergang von einem Zustand i auf einen Zustand j, und der Wahrscheinlichkeitsvektor ζ ist ein Zeilenvektor. In der Dynamik ist es jedoch üblich, den Zustand als Spaltenvektor darzustellen. Deshalb wird die in Abschnitt 6.3 eingeführte Darstellung beibehalten.

6.4.1.1 n-Schritte Übergangswahrscheinlichkeit

Die n-Schritte Übergangswahrscheinlichkeit $p_{ij}^{(n)}$ ist definiert als die Wahrscheinlichkeit, mit der man nach n Schritten in der Zelle i ist, wenn man in Zelle j startet:

$$p_{ij}^{(n)} = W\,[\xi(k+n) = i \mid \xi(k) = j] \quad , \quad n \geqslant 0 \quad . \tag{6.21}$$

Speziell ist

$$p_{ij}^{(0)} = \delta_{ij} := \begin{cases} 1 & \text{für } i=j \; , \\ 0 & \text{sonst} \quad . \end{cases} \tag{6.22}$$

Es gilt dann für $l,m \geqslant 0$

$$p_{ij}^{(l+m)} = \sum_k p_{ik}^{(l)}\, p_{kj}^{(m)} \quad . \tag{6.23}$$

In Matrixschreibweise bedeutet dies

$$\mathbf{P}^n = (p_{ij}^{(n)}) \quad , \tag{6.24}$$

$$\mathbf{P}^0 = \mathbf{I} \quad , \tag{6.25}$$

$$\mathbf{P}^{l+m} = \mathbf{P}^l\, \mathbf{P}^m \quad . \tag{6.26}$$

Die Eigenschaften (6.16) und (6.17) übertragen sich auf $p_{ij}^{(n)}$, so daß auch $\mathbf{P}^n$ eine stochastische Matrix ist. Diese n-Schritt Übergangswahrscheinlichkeiten wurden schon in (6.23) benutzt.

6.4.1.2 Verknüpfung von Zellen

Eine Zelle j führt zu einer Zelle i, geschrieben als $j \rightarrow i$, falls ein $n > 0$ existiert, so daß $p_{ij}^{(n)} > 0$ ist. Zwei Zellen i und j heißen miteinander verknüpft, symbolisiert durch

$i \leftrightarrow j$, falls für ein $n > 0$ $p_{ij}^{(n)} > 0$ und ein $m > 0$ $p_{ji}^{(m)} > 0$ gilt.

Dies bedeutet, daß ein Weg von Zelle j zu Zelle i in n Schritten und von i nach j in m Schritten führt. Dies heißt aber auch, daß es möglich ist, in die Zelle i bzw. j nach jeweils $(n+m)$ Schritten zurückzukehren.

6.4.1.3 Periode

Führt eine Zelle i zu sich selbst zurück, gilt also $i \rightarrow i$, und ist M die Menge aller Schritte, nach denen das System nach i zurückkehren kann, d.h.

$$M = \{n \mid p_{ii}^{(n)} > 0 \, , \, n > 0\} \, , \qquad (6.27)$$

dann definiert man als Periode d der Zelle i den größten gemeinsamen Teiler (ggT) der Menge M :

$$d := \mathrm{ggT}(M) \; . \qquad (6.28)$$

Ist die Periode $d = 1$, heißt die Zelle i aperiodisch. Führt eine Zelle nicht auf sich selbst zurück, ist die Periode nicht definiert. Bei Start in Zelle i kann also das System nur nach einer Schrittzahl n zurückkehren, die ein Vielfaches der Periode d ist, d.h. $n = m \bullet d$, $m \in \mathbf{N}$.

6.4.1.4 Klassifizierung der Zellen

Startet das System von einer Zelle j aus, dann wird die Wahrscheinlichkeit, daß es zum erstenmal in Zelle i nach n Schritten ist, mit $f_{ij}^{(n)}$ bezeichnet:

$$f_{ij}^{(n)} = W\,[\xi_{n+k} = i \mid \xi_{n+k} \neq i, \ldots, \zeta_{k+1} \neq i \, , \, \zeta_k = j] \; . \qquad (6.29)$$

Speziell bezeichnet man $f_{ii}^{(n)}$ als Wahrscheinlichkeit der Rückkehr nach n Schritten.

Die Wahrscheinlichkeit, daß bei Start in Zelle j das System wenigstens einmal in Zelle i landet, wird mit f_{ij}^* bezeichnet. Es gilt dann

$$f_{ij}^* = \sum_{n=1}^{\infty} f_{ij}^{(n)} \quad . \qquad (6.30)$$

Für $i = j$ ist f_{ii}^* die Wahrscheinlichkeit (irgend-)einer Rückkehr.

Man bezeichnet nun eine Zelle i als beharrlich, falls $f_{ii}^*=1$, ist, weil die Rückkehr gesichert ist. Gilt $f_{ii}^* < 1$, ist i eine flüchtige Zelle. Sind zwei Zellen miteinander verknüpft, dann sind sie vom selben Typ.

6.4.1.5 Zerlegung des Zellraumes S in Gruppen

Die Eigenschaft, daß aus manchen Zellen kein Weg zu bestimmten anderen Zellen führt, kann zur Zerlegung des Zellraumes in Gruppen von Zellen benutzt werden.

Eine Teilmenge B des Zellraumes S heißt abgeschlossen, falls für alle $j \in B$ und $i \notin B$ $p_{ij} = 0$ ist. Es ist dann auch $p_{ij}^{(n)} = 0$ für alle $n > 0$. Besteht eine Teilmenge nur aus einer einzigen Zelle, wird diese Zelle als absorbierende Zelle bezeichnet.

Diese Definition besagt, daß es unmöglich ist, eine abgeschlossene Teilmenge B wieder zu verlassen. Man kann damit die Entwicklung eines Systems innerhalb einer abgeschlossenen Teilmenge B losgelöst von den übrigen Zellen betrachten und als neue Markov-Kette mit dem Zellraum B definieren.

Eine eindeutige Einteilung der Zellen in Gruppen erfordert eine weitere Definition:

Eine abgeschlossene Teilmenge B und die über ihr erklärte Markov-Kette heißen unzerlegbar, falls keine weitere nichtleere abgeschlossene Teilmenge in B enthalten ist.

Eine Markov-Kette ist genau dann unzerlegbar, wenn alle Zellen miteinander verknüpft sind.

Da die Zellen einer unzerlegbaren abgeschlossenen Teilmenge B beharrlich sind, wird B auch als beharrliche Gruppe bezeichnet. Alle Zellen einer solchen Gruppe haben dieselbe Periode.

Die flüchtigen Zellen werden in einer offenen Teilmenge F, die als flüchtige Gruppe bezeichnet wird, zusammengefaßt.

Offensichtlich werden dann Attraktoren dissipativer dynamischer Systeme in der allgemeinen Zellabbildung durch beharrliche Gruppen wiedergegeben. Die flüchtige Gruppe bildet das Einzugsgebiet des oder der Attraktoren und der Sinkzelle.

6.4.2 Normalform der Zellabbildung

Die Zerlegung des Zellraumes durch Zusammenfassung von beharrlichen Zellen in beharrliche Gruppen B_i, $i = 1,\ldots,k$, und flüchtiger Zellen in eine flüchtige Gruppe F kann in der Abbildungsmatrix durch Vertauschung der entsprechenden Zeilen und Spalten erreicht werden. Man erhält dann die Normalform der Abbildungsmatrix:

$$P^* = \begin{bmatrix} P_1 & 0 \ldots 0 & & T_1 \\ 0 & P_2 & & T_2 \\ \cdot & & \ddots \; 0 & \vdots \\ \cdot & & P_k & T_k \\ 0 & 0 \ldots 0 & & Q \end{bmatrix} . \qquad (6.31)$$

Die quadratischen Matrizen P_i , $i = 1,\ldots,k$, beschreiben die beharrlichen Gruppen B_i , $i = 1,\ldots,k$, und sind stochastisch mit den Eigenschaften (6.16) und (6.17). Die Matrix Q beschreibt das Systemverhalten innerhalb der Gruppe der flüchtigen Zellen. Sie ist ebenfalls quadratisch und erfüllt die Eigenschaft (6.16). Statt (6.17) gilt für die Elemente von Q jedoch

$$\sum_{i \in F} q_{ij} \leqslant 1 \quad , \qquad (6.32)$$

und man bezeichnet daher die Matrix Q als substochastisch. Die Matrizen T_i , $i = 1,\ldots,k$, sind i.a. Rechteckmatrizen und beschreiben den Übergang von flüchtigen zu beharrlichen Zellen; sie werden deshalb Durchgangsmatrizen genannt.

Anmerkung: Bei der Anwendung der Theorie der Markov-Ketten zur Analyse nichtlinearer dynamischer Systeme mit der Zellabbildungsmethode hat man es mit einer sehr großen Zahl von Zellen zu tun. Es ist dann nicht sinnvoll und für einen Algorithmus auch nicht notwendig, die Abbildungsmatrix in die Form (6.31) überzuführen. Zur Beschreibung der Eigenschaften von Markov-Ketten ist jedoch die Form (6.31) sehr hilfreich.

In Gleichung (6.32) als auch in den folgenden Ausführungen bezeichnen die Indizes $i,j,\ldots$ nicht wie üblich das (i,j)-te Elemente von einer Matrix, sondern das zu einem Übergang von Zelle j auf Zelle i gehörende Element einer Matrix.

Startet ein System innerhalb einer beharrlichen Gruppe B_i , dann verbleibt es für immer in dieser Gruppe. Startet das System von der flüchtigen Gruppe aus, wird es diese im Laufe der Zeit mit der Wahrscheinlichkeit eins verlassen und mit gewissen Wahrscheinlichkeiten in eine der beharrlichen Gruppen wandern, die vom Startvektor $\zeta(0)$ und den Matrizen Q und T abhängen.

Dieses Langzeitverhalten des Systems läßt sich wie folgt formulieren:

- Ist die Zelle i eine flüchtige Zelle, dann gilt für alle j

$$\lim_{n\to\infty} p_{ij}^{(n)} = 0 \quad . \tag{6.33}$$

- Sind i und j Zellen zweier verschiedener beharrlicher Gruppen, dann gilt für alle n

$$p_{ij}^{(n)} = p_{ji}^{(n)} = 0 \quad . \tag{6.34}$$

6.4.3 Langzeitverhalten beharrlicher Zellen

Die Systementwicklung innerhalb der Zellen einer beharrlichen Gruppe B kann völlig unabhängig von den übrigen Zellen untersucht werden. Die Gruppe B wird von N_B Zellen gebildet. Eine Eigenschaft, die allen Zellen der Gruppe gemeinsam ist, ist die Periode. Man unterscheidet aperiodische beharrliche Gruppen, $d = 1$, und periodische beharrliche Gruppen, $d \geqslant 2$, die völlig unterschiedliches Langzeitverhalten aufweisen.

6.4.3.1 Aperiodische beharrliche Gruppen

Ein Sonderfall einer aperiodischen beharrlichen Gruppe bildet die absorbierende Zelle, die sich vollständig auf sich selbst abbildet. Die Sinkzelle ist stets eine absorbierende Zelle.

Eine aperiodische beharrliche Gruppe besteht normalerweise aus mehreren Zellen. Für das Langzeitverhalten gilt dann der

<u>Satz 6.1:</u> Ist $\mathbf{P}$ die Abbildungsmatrix für eine unzerlegbare, aperiodische beharrliche Gruppe B , dann konvergiert $\lim p_{ij}^{(n)}$ für $n\to\infty$ für alle Zellen $i \in B$ unabhän-

gig von j gegen einen Grenzwert p_i :

$$\lim_{n\to\infty} p_{ij}^{(n)} = p_i > 0 \quad . \tag{6.35}$$

Man kann diese Grenzwerte zu einem Vektor

$$\mathbf{p} = \left[p_1, \ldots, p_{N_B}\right]^T , \tag{6.36}$$

der Grenzwahrscheinlichkeitsverteilung über der beharrlichen Gruppe B zusammenfassen. Satz 6.1 besagt dann, daß die Grenzwahrscheinlichkeitsverteilung

$$\mathbf{p} = \lim_{n\to\infty} \zeta(n) = \lim_{n\to\infty} \mathbf{P}^n \zeta(0) \tag{6.37}$$

unabhängig von der Anfangswahrscheinlichkeitsverteilung $\zeta(0)$ ist. Für die Grenzwahrscheinlichkeitsverteilung gelten die Beziehungen (6.14) und (6.15).

Aus (6.36) folgt sofort, daß

$$\lim_{n\to\infty} \mathbf{P}^n = [\ \mathbf{p} \mid \mathbf{p} \mid \ldots \mid \mathbf{p}\ ] \tag{6.38}$$

aus identischen Spalten $\mathbf{p}$ besteht.

Für eine analytische Bestimmung der Grenzwahrscheinlichkeitsverteilung ist folgender Satz über die Eigenwerte und Eigenvektoren der Matrix $\mathbf{P}$ günstiger:

<u>Satz 6.2:</u> Die Abbildungsmatrix $\mathbf{P}$ einer unzerlegbaren, aperiodischen beharrlichen Gruppe hat einen einfachen Eigenwert eins. Der dazugehörige, mit (6.15) normierte Eigenvektor stellt gerade die Grenzwahrscheinlichkeitsverteilung dar.

Die Grenzwahrscheinlichkeitsverteilung läßt sich damit aus der Beziehung

$$\mathbf{p} = \mathbf{P}\,\mathbf{p} \tag{6.39}$$

bzw.

$$(\mathbf{I} - \mathbf{P})\ \mathbf{p} = 0 \tag{6.40}$$

berechnen.

6.4.3.2 Periodische beharrliche Gruppen

Für eine periodische Gruppe $(d \geq 2)$ konvergiert die Folge $p_{ij}^{(n)}$ in dem durch (6.35) gegebenen Sinne nicht. Hier gilt folgender

Satz 6.3: Gehört die Zelle j zu einer beharrlichen Gruppe B mit der Periode d, dann entspricht jeder Zelle i eindeutig eine Residuenklasse $C_r(j)$ der Schrittzahl r derart, daß $p_{ij}^{(n)} > 0$ auf $n = r \bmod d$ führt.

Anmerkung: $n = r \bmod d$ sei definiert durch
$n = r + m\,d$, $m \in \mathbf{N}_0$, $0 \leq r < d$.

Die Residuenklasse $C_r(j)$ stellt damit die Menge aller Zellen i dar, die von j aus in $n = r + m\,d$ Schritten, $m \in \mathbf{N}$, erreicht werden können. Es gilt also für $i \in C_r(j)$

$$\begin{aligned} p_{ij}^{(n)} &> 0 \qquad \text{für} \qquad n = r \bmod d \quad , \\ p_{ij}^{(n)} &= 0 \qquad \text{sonst.} \end{aligned} \tag{6.41}$$

Man erkennt aus (6.41) auch den Grund, warum die Folge (6.35) nicht konvergieren kann. Dagegen besteht Konvergenz entlang der Teilfolge $n = r \bmod d$, wie noch gezeigt wird.

Aus obigem Satz folgt, daß sich die Zellen einer unzerlegbaren, periodischen beharrlichen Gruppe der Periode d so in d elementfremde Teilgruppen D_k, $k = 1,\ldots,d$, unterteilen lassen, daß das System von Zellen einer Teilgruppe D_k, $k = 1,\ldots,d-1$, auf Zellen von D_{k+1} übergeht und von D_d wieder zu D_1 zurückkehrt. Da N_B die Zahl der Zellen der Gruppe B

und N_k die Zahl der Zellen der Teilgruppen D_k ist, gilt

$$\sum_{k=1}^{d} N_k = N_B \quad . \tag{6.42}$$

Auch für solch eine einzelne unzerlegbare, periodische Gruppe läßt sich durch Vertauschen von Zeilen und Spalten der Übergangsmatrix **P** eine Normalform $\hat{\mathbf{P}}$ erreichen, in der man diesen zyklischen Übergang von Teilgruppe zu Teilgruppe deutlich erkennt:

$$\hat{\mathbf{P}} = \begin{bmatrix} 0 & \cdots & 0 & \hat{\mathbf{P}}_{1,d} \\ \hat{\mathbf{P}}_{2,1} & & & 0 \\ 0 & \hat{\mathbf{P}}_{3,2} & & \vdots \\ \vdots & & \ddots & \\ 0 & \cdots & \hat{\mathbf{P}}_{d,d-1} & 0 \end{bmatrix} \quad . \tag{6.43}$$

Dabei kennzeichnen die $(N_k \times N_{k-1})$ -Submatrizen $\mathbf{P}_{k,k-1}$ gerade den Übergang der Zellen von D_{k-1} auf D_k .

Betrachtet man nun statt der Abbildung **P** die Abbildung $\mathbf{R} = \mathbf{P}^d$, so wird jede Teilgruppe D_k , $k = 1,\ldots,d$, auf sich selbst abgebildet. Jede Teilgruppe D_k wird damit unter **R** zu einer unzerlegbaren, aperiodischen beharrlichen Gruppe. Deutlich sichtbar wird dies wieder in der Normalform.

$$\hat{\mathbf{R}} = \hat{\mathbf{P}}^d = \begin{bmatrix} \hat{\mathbf{R}}_1 & \cdots & 0 \\ \vdots & \hat{\mathbf{R}}_2 & \vdots \\ & & \ddots & \\ 0 & \cdots & \hat{\mathbf{R}}_d \end{bmatrix} \quad . \tag{6.44a}$$

Dabei beschreiben die Submatrizen

$$\hat{\mathbf{R}}_k = \hat{\mathbf{P}}_{k,k-1}\,\hat{\mathbf{P}}_{k-1,k-2}\cdots\hat{\mathbf{P}}_{2,1}\,\hat{\mathbf{P}}_{1,d}\,\hat{\mathbf{P}}_{d,d-1}\cdots\hat{\mathbf{P}}_{k+1,k}\;, \quad k = 1,\ldots,d\;, \tag{6.44b}$$

gerade die Abbildung einer Teilgruppe D_k auf sich selbst.

Sind r_{ij} die Koeffizienten der Matrix **R** , dann läßt sich mit dem in Abschnitt 6.4.3.1 angegebenen Verfahren eine Grenzwahrscheinlichkeitsverteilung wie folgt angegeben:

$$\begin{aligned} &\lim_{m\to\infty} r_{ij}^{(m)} = \lim_{m\to\infty} p_{ij}^{(md)} = p_i > 0 \ , \\ &\qquad\qquad\qquad \text{falls } i \text{ und } j \text{ zur selben} \\ &\qquad\qquad\qquad \text{Teilgruppe } D_k \text{ gehören ,} \\ &\lim_{m\to\infty} r_{ij}^{(m)} = 0 \qquad \text{sonst.} \end{aligned} \qquad (6.45)$$

Da die Blockstruktur der Normalform sehr viel übersichtlicher ist, wird im folgenden mit ihr gearbeitet. Die Ergebnisse sind aber einfach auf das ursprüngliche System übertragbar, da sich die Normalform von diesem nur durch Permutationen der Zellen unterscheidet.

Die Grenzwahrscheinlichkeitsverteilung

$$\hat{\mathbf{r}}_k = \begin{bmatrix} p_{i_1} & p_{i_2} & \dots & p_{i_{N_k}} \end{bmatrix}^T \ , \quad k = 1,\dots,d \ , \qquad (6.46)$$

für die Zellen einer Teilgruppe $D_k = \{i_1, i_2, \dots, i_{N_k}\}$ unter der Abbildung $\hat{\mathbf{R}}$ ergibt sich gemäß obigen Ausführungen nach (6.39) aus

$$\hat{\mathbf{r}}_k = \hat{\mathbf{R}}_k \, \hat{\mathbf{r}}_k \ , \quad k = 1,\dots,d \ . \qquad (6.47)$$

Nun müssen die Grenzwahrscheinlichkeitsverteilungen der Teilgruppen nicht alle aus (6.47) bestimmt werden, da sie nicht unabhängig voneinander sind. Es gilt nämlich

$$\begin{aligned} &\hat{\mathbf{r}}_{k+1} = \hat{\mathbf{P}}_{k+1,k} \, \hat{\mathbf{r}}_k \ , \quad k = 1,\dots,d-1 \ , \\ &\hat{\mathbf{r}}_1 = \hat{\mathbf{P}}_{1,d} \, \hat{\mathbf{r}}_d \end{aligned} \qquad (6.48)$$

mit den Submatrizen aus (6.43).

Um das Langzeitverhalten der ganzen periodischen Gruppe B

übersichtlicher beschreiben zu können, werden einige Abkürzungen eingeführt:

- $(N_B \times 1)$-Grenzwahrscheinlichkeitsverteilungs-Vektoren der einzelnen Teilgruppen D_k,

$$\hat{p}_k := \begin{bmatrix} 0 \\ \hline \vdots \\ \hline \hat{r}_k \\ \hline \vdots \\ \hline 0 \end{bmatrix} , \quad k = 1,\ldots,d \quad , \tag{6.49}$$

mit den $(N_k \times 1)$ Grenzwahrscheinlichkeitsvektoren $\hat{r}_k$ der einzelnen Teilgruppen aus (6.47) bzw. (6.48) an den entsprechenden Stellen und 0 sonst;

- $(N_B \times d)$-Matrix

$$\hat{P}_\infty := [\hat{p}_1 \mid \ldots \mid \hat{p}_d] = \left[\begin{array}{c|c|c|c} \hat{r}_1 & 0 & \ldots & 0 \\ \hline 0 & \hat{r}_2 & & \vdots \\ \hline \vdots & & \ddots & 0 \\ \hline 0 & \ldots & 0 & \hat{r}_d \end{array}\right] \tag{6.50}$$

bestehend aus den Grenzwahrscheinlichkeitsvektoren der einzelnen Teilgruppen;

- $(d \times 1)$-Anfangswahrscheinlichkeitsvektor

$$\eta(0) := [\ \eta_1(0) \ \ldots \ \eta_d(0)\ ]^T \tag{6.51}$$

mit den Elementen

$$\eta_k(0) := \sum_{i \varepsilon D_k} \zeta_i(0) \quad , \quad k = 1,\ldots,d \quad , \tag{6.52}$$

die die Wahrscheinlichkeiten angeben, mit denen sich das System zu Beginn in den einzelnen Teilgruppen D_k aufhält;

- (d x d)-Permutationsmatrix

$$\mathbf{E} := \begin{bmatrix} 0 & \cdots & 0 & 1 \\ 1 & & & 0 \\ \vdots & \ddots & & \vdots \\ 0 & \cdots & 1 & 0 \end{bmatrix} . \tag{6.53}$$

Bei der globalen Betrachtung der Grenzwahrscheinlichkeitsverteilung einer unzerlegbaren, periodischen beharrlichen Gruppe wird zunächst der einfachere Fall betrachtet, bei dem das System nur in Zellen einer Teilgruppe D_k startet. Das System wird dann in seiner weiteren Entwicklung alle Teilgruppen zyklisch durchlaufen, aber jeweils zu einem bestimmten Zeitpunkt sich nur in Zellen einer einzigen Teilgruppe befinden. Das Langzeitverhalten wird dann so aussehen, daß sich die Verteilung innerhalb der Teilgruppen den obigen Grenzwahrscheinlichkeitsverteilungen annähert, d.h. der Grenzwert existiert dann nur in dem Sinne

$$\lim_{\substack{n \to \infty \\ n = r \bmod d}} \hat{\zeta}(n) = \hat{\mathbf{p}}_{(k+r)\ \overline{\bmod}\ d} \quad . \tag{6.54}$$

__Anmerkung:__ $r = n\ \overline{\bmod}\ d$ sei definiert durch
$0 < r \leq d \quad \wedge \quad n = r + m\,d \quad , m \,\varepsilon\, \mathbf{N}_0$.

Startet das System jedoch mit einer Wahrscheinlichkeitsverteilung $\hat{\zeta}(0)$, die verschiedene Teilgruppen überdeckt, so läßt sich daraus mit (6.51) und (6.52) ein Anfangswahrscheinlichkeitsvektor $\eta(0)$ bestimmen. Die Grenzwahrscheinlichkeitsverteilung wird dann durch

$$\lim_{\substack{n\to\infty \\ n=r \bmod d}} \hat{\zeta}(n) = \hat{\mathbf{P}}_\infty \mathbf{E}^r \eta(0) \tag{6.55}$$

beschrieben.

Zur Beurteilung des Langzeitverhaltens nichtlinearer Systeme hat in der Praxis sicherlich nur die Form (6.54) Bedeutung. Zum einen ist der Ausgangspunkt dieser Betrachtungen die Punktabbildung, bei der man von einem deterministischen Startgebiet, etwa einer einzelnen Zelle, ausgehen kann, zum anderen aber hat man, wie sich zeigen wird, während des Abbildungsprozesses "Zuwanderungen" aus den flüchtigen Zellen, so daß die Beschreibung (6.55) nicht mehr exakt ist, Isaacson und Madson [1976].

Gerade die letzte Aussage erinnert auch wieder daran, daß hier die beharrlichen Gruppen ganz losgelößt vom Restsystem betrachtet wurden, so z. B. die Normierungsbedingung (6.15) nur auf die Elemente der beharrlichen Gruppe bezogen wurde. Es wird also im folgenden die Wahrscheinlichkeit interessieren, mit der man in solch eine Gruppe gelangt und mit der die Ergebnisse zu gewichten sind. Mit diesem Übergang von flüchtigen auf beharrliche Zellen befaßt sich der nächste Abschnitt.

6.4.4 Langzeitverhalten flüchtiger Zellen

In Abschnitt 6.4.2 wurde bereits festgestellt, daß das System die flüchtigen Zellen im Verlauf der Zeit mit der Wahrscheinlichkeit eins verläßt und daß es in die verschiedenen beharrlichen Gruppen geht. Die interessierenden Fragen bei diesem Übergang sind:

- Mit welcher Wahrscheinlichkeit werden die flüchtigen Zellen in die beharrlichen Gruppen B_1, B_2, ... abgebildet?

- Wie lange wird die Absorption in die beharrlichen Gruppen dauern?

Dazu wird das Langzeitverhalten des Gesamtsystems noch einmal näher betrachtet. Die Übergangsmatrix sei nun in der Form

$$\mathbf{P}^* = \left[\begin{array}{c|c} \mathbf{P}_B & \mathbf{T} \\ \hline \mathbf{0} & \mathbf{Q} \end{array}\right] \tag{6.56}$$

gegeben, die der Normalform (6.31) mit $\mathbf{P}_B = \mathbf{diag}\,\{\mathbf{P}_i\}$ und $\mathbf{T} = [\mathbf{T}_1^T \quad \mathbf{T}_2^T \ldots \mathbf{T}_k^T]^T$ entspricht. Die Zahl der beharrlichen Zellen ist N_B, die Zahl der flüchtigen Zellen ist N_F, damit gilt $N_B + N_F = N_r + 1$.

Dann wird der n-Schritt-Übergang des Systems durch

$$\mathbf{P}^n = \begin{bmatrix} \mathbf{P}_B^n & \sum\limits_{i=1}^{n} \mathbf{P}_B^{n-i}\,\mathbf{T}\,\mathbf{Q}^{i-1} \\ \mathbf{0} & \mathbf{Q}^n \end{bmatrix} \tag{6.57}$$

bestimmt, wie in Bestle [1983] gezeigt wird.

Die Submatrix $\mathbf{Q}^n$ beschreibt den Übergang von flüchtigen Zellen zu flüchtigen Zellen in n Schritten oder anders ausgedrückt, die Wahrscheinlichkeiten für den Verbleib des Systems in einer flüchtigen Zelle nach n Schritten bei Start in einer flüchtigen Zelle.

Definiert man $\sigma_j^{(n)}$ als Wahrscheinlichkeit, mit der das System bei Start in Zelle j für n Schritte innerhalb der flüchtigen Gruppe F bleibt, so ist

$$\sigma_j^{(n)} = \sum_{i \varepsilon F} q_{ij}^{(n)} \quad . \tag{6.58}$$

6.4.4.1 Absorptionswahrscheinlichkeiten

Unter der Absorption des Systems versteht man den direkten Übergang des Systems von einer flüchtigen auf eine beharrliche Zelle, denn anschließend kann das System die beharrliche Gruppe, zu der diese Zelle gehört, nicht mehr verlassen.

Sei $\alpha_{ij}(n)$ die bedingte Wahrscheinlichkeit für die Absorption des Systems in eine beharrliche Zelle i in n Schritten bei Start in einer flüchtigen Zelle j, d.h. das System verbleibt für $(n-1)$ Schritte in der flüchtigen Gruppe und wird dann in die beharrliche Zelle i absorbiert:

$$\alpha_{ij}(n) = \sum_{k \varepsilon F} t_{ik}\, q_{kj}^{(n-1)} \quad , \quad n \geqslant 1 \quad . \tag{6.59}$$

Dabei ist $q_{kj}^{(n-1)}$ das Element (k,j) der Matrix $\mathbf{Q}^{n-1}$, $\alpha_{ij}(n)$ das Element (i,j) einer Matrix

$$\mathbf{A}(n) = \mathbf{T}\,\mathbf{Q}^{n-1} \quad , \quad n \geqslant 1 \quad . \tag{6.60}$$

Die absolute Absorptionswahrscheinlichkeit α_{ij} des Systems aus einer flüchtigen Zelle j in eine beharrliche Zelle i ist dann

$$\alpha_{ij} = \sum_{n=1}^{\infty} \alpha_{ij}(n) = \sum_{n=1}^{\infty} \sum_{k \varepsilon F} t_{ik}\, q_{kj}^{(n-1)} \quad . \tag{6.61}$$

Nach FUBINI's Theorem, Isaacson und Madsen [1976], dürfen unendliche Summationen vertauscht werden, falls die Summanden nicht negativ sind:

$$\alpha_{ij} = \sum_{k \varepsilon F} t_{ik} \sum_{n=1}^{\infty} q_{kj}^{(n-1)} \quad . \tag{6.62}$$

Die Absorptionswahrscheinlichkeit α_{ij} ist damit das Element (i,j) der Matrix

$$\mathbf{A} = \sum_{n=1}^{\infty} \mathbf{A}(n) = \mathbf{T} \sum_{n=1}^{\infty} \mathbf{Q}^{n-1} \quad . \tag{6.63}$$

Mit der Beziehung

$$\mathbf{N} := \sum_{n=1}^{\infty} Q^{n-1} = (I - Q)^{-1} \qquad (6.64)$$

aus Isaacson und Madsen [1976], wobei I eine $(N_F \times N_F)$ - Einheitsmatrix ist, erhält man aus (6.63)

$$\mathbf{A} = \mathbf{T}\,\mathbf{N} = \mathbf{T}\,(I - Q)^{-1} \; . \qquad (6.65)$$

Im allgemeinen ist man an den Absorptionswahrscheinlichkeiten aus allen flüchtigen Zellen $j \in F$ heraus interessiert. Es ist daher günstig, diese in einem $(1 \times N_F)$ - Vektor $\boldsymbol{\alpha}^T_i$ zusammenzufassen. Berücksichtigt man den zeilenweisen Aufbau $\mathbf{A} = [\boldsymbol{\alpha}_1 \mid \ldots \mid \boldsymbol{\alpha}_{N_B}]^T$ und $\mathbf{T} = [\mathbf{t}_1 \mid \ldots \mid \mathbf{t}_{N_B}]^T$ in (6.65), so ergeben sich die gewünschten Absorptionswahrscheinlichkeiten für alle flüchtigen Zellen in eine beharrliche Zelle i gleichzeitig aus

$$\boldsymbol{\alpha}_i^T = \mathbf{t}_i^T\,(I - Q)^{-1} \quad , \quad i \in B \; . \qquad (6.66)$$

Interessanter als die Absorptionswahrscheinlichkeiten in einzelne beharrliche Zellen sind für die allgemeine Zellabbildung die Absorptionswahrscheinlichkeiten in eine Gruppe von beharrlichen Zellen, wie etwa in eine abgeschlossene beharrliche Gruppe B_l als Repräsentant des Attraktors eines dynamischen Systems. Faßt man diese Gruppenabsorptionswahrscheinlichkeiten α^*_{lj} wieder in einem $(1 \times N_F)$ - Vektor $\boldsymbol{\alpha}^{*T}_l$ zusammen, dann erhält man aus (6.66)

$$\boldsymbol{\alpha}_l^{*T} = \sum_{i \in B_l} \boldsymbol{\alpha}_i^T = \underbrace{\sum_{i \in B_l} \mathbf{t}_i^T}_{:=\, \mathbf{t}_l^{*T}} (I - Q)^{-1} = \mathbf{t}_l^{*T}\,(I - Q)^{-1} \; . \qquad (6.67)$$

Da das System aus jeder flüchtigen Zelle j mit der Wahrscheinlichkeit eins in die globale Gruppe B aller beharrlichen Zellen absorbiert wird, erhält man die später noch benötigte Beziehung

$$\sum_{i \varepsilon B} \alpha_i^T = \sum_{i \varepsilon B} t_i^T (I - Q)^{-1} = e^T \qquad (6.68)$$

mit dem $(1 \times N_F)$ - Vektor $e^T = [1 \dots 1]$.

6.4.4.2 Erwartete Absorptionszeiten

Man definiert in der Theorie der Markov-Ketten eine erwartete Zeit für das Eintreffen eines Ereignisses ganz allgemein dadurch, daß man mögliche Schrittzahlen mit dem Anteil an der Gesamtwahrscheinlichkeit gewichtet, mit dem das Ereignis zum Zeitschritt n eintritt, und die Summe über alle Anteile bildet:

$$v = \sum_{n=1}^{\infty} n \frac{W\,[\text{Eintreffen des Ereignisses zur Zeit } t=n]}{W\,[\text{Eintreffen des Ereignisses überhaupt}]} . \qquad (6.69)$$

Die erwartete Zeit v ist nur definiert, falls die Wahrscheinlichkeit für das Eintreffen des Ereignisses größer als null ist.

Die erwartete Absorptionszeit v_{ij} für die Absorption des Systems in eine beharrliche Zelle i bei Start in einer flüchtigen Zelle j ist damit

$$v_{ij} = \sum_{n=1}^{\infty} n \frac{\alpha_{ij}(n)}{\alpha_{ij}} \qquad \text{für } \alpha_{ij} > 0 \ . \qquad (6.70)$$

Mit (6.59) ergibt sich

$$v_{ij} = \frac{1}{\alpha_{ij}} \sum_{n=1}^{\infty} n \sum_{k \varepsilon F} t_{ik}\, q_{kj}^{(n-1)}$$

$$= \frac{1}{\alpha_{ij}} \underbrace{\sum_{k \varepsilon F} t_{ik} \sum_{n=1}^{\infty} n\, q_{kj}^{(n-1)}}_{:= w_{ij}} := \frac{w_{ij}}{\alpha_{ij}} \ . \qquad (6.71)$$

Die Abkürzung w_{ij} ist das Element (i,j) einer Matrix

$$\mathbf{W} = \mathbf{T} \sum_{n=1}^{\infty} n\, \mathbf{Q}^{n-1} \quad . \tag{6.72}$$

Für die unendliche Summe gilt

$$\mathbf{M} := \sum_{n=1}^{\infty} n\, \mathbf{Q}^{n-1} = (\mathbf{I} - \mathbf{Q})^{-2} \quad . \tag{6.73}$$

Faßt man wieder die Elemente w_{ij} für alle flüchtigen Zellen j zu einem $(1 \times N_F)$ - Vektor $\mathbf{w}_i^T$ zusammen, erhält man mit (6.66)

$$\mathbf{w}_i^T = \mathbf{t}_i^T (\mathbf{I} - \mathbf{Q})^{-2} = \boldsymbol{\alpha}_i^T (\mathbf{I} - \mathbf{Q})^{-1} \quad . \tag{6.74}$$

Die erwartete Absorptionszeit des Systems in eine beharrliche Gruppe B_l bestimmt sich aus

$$\begin{aligned} v_{lj}^* &= \frac{1}{\alpha_{lj}^*} \sum_{n=1}^{\infty} n \sum_{i \varepsilon B_l} \sum_{k \varepsilon F} t_{ik}\, q_{kj}^{(n-1)} \\ &= \frac{1}{\alpha_{lj}^*} \underbrace{\sum_{k \varepsilon F} \sum_{i \varepsilon B_l} t_{ik} \sum_{n=1}^{\infty} n\, q_{kj}^{(n-1)}}_{:= w_{lj}^*} \\ &= \frac{w_{lj}^*}{\alpha_{lj}^*} \quad . \end{aligned} \tag{6.75}$$

Den Vektor $\mathbf{w}_l^{*T} = [w_{l1}^* \;\ldots\; w_{lN_F}^*]$ erhält man mit (6.67) und (6.73) analog (6.74) zu

$$\mathbf{w}_l^{*T} = \boldsymbol{\alpha}_l^{*T} (\mathbf{I} - \mathbf{Q})^{-1} \quad . \tag{6.76}$$

Die erwarteten Zeiten v_j^* für die Absorption der flüchtigen Zellen überhaupt bestimmen sich wegen (6.68) als Komponenten des Vektors $\mathbf{v}^{*T}$ aus

$$\mathbf{v}^{*T} = \mathbf{e}^T (\mathbf{I} - \mathbf{Q})^{-1} \quad , \tag{6.77}$$

Isaacson und Madsen [1976].

6.4.4.3 Gauss-Seidel-Iteration

In allen Fällen erhält man die gewünschten Informationen über Absorptionswahrscheinlichkeiten bzw. -zeiten durch Auswerten einer Gleichung der Form

$$\mathbf{x}^T = \mathbf{b}^T(\mathbf{I} - \mathbf{Q})^{-1} \quad . \tag{6.78}$$

Für die allgemeine Zellabbildung ist $\mathbf{Q}$ eine sehr schwach besetzte Matrix. Dies gilt jedoch nicht für $(\mathbf{I} - \mathbf{Q})^{-1}$, so daß die explizite Bestimmung der Inversen für große Zellzahlen sehr aufwendig ist. Die Beziehung (6.78) läßt sich aber auch als ein Gleichungssystem

$$\mathbf{x}^T(\mathbf{I} - \mathbf{Q}) = \mathbf{b}^T \tag{6.79}$$

formulieren. Wegen $\mathbf{Q}$ ist auch $(\mathbf{I} - \mathbf{Q})$ eine substochastische Matrix, und ein solches Gleichungssystem kann mit der Gauss-Seidel-Iteration gelöst werden, Zurmühl [1964]:

$$\mathbf{x}^T = \mathbf{x}^T \mathbf{Q} + \mathbf{b}^T \tag{6.80}$$

oder

$$x_j^{(\nu+1)} = \frac{1}{1-q_{jj}} \left[\sum_{k<j} x_k^{(\nu+1)} q_{kj} + \sum_{k>j} x_k^{(\nu)} q_{kj} + b_j \right] , \quad j = 1,\ldots,N_F \quad . \tag{6.81}$$

Die Zahl der benötigten Iterationsschritte richtet sich nach der gewünschten Genauigkeit und der Attraktivität der betrachteten absorbierenden beharrlichen Gruppe.

6.5 Bemerkungen zum Rechenalgorithmus und Eigenschaften der allgemeinen Zellabbildung

Die im Abschnitt 6.4 beschriebenen mathematischen Grundlagen der Markov-Ketten bilden die Basis für einen Rechenalgorithmus zur allgemeinen Zellabbildung. Ein solcher Algorithmus erfordert eine geschickte Programmierung, damit auch bei sehr großen Zellzahlen die Rechenzeiten nicht zu stark anwachsen. Von Hsu, Guttalu und Zhu [1982] wurde ein Algorithmus beschrieben, der in Anlehnung an die in Abschnitt 6.4 angegebene Beschreibung modifiziert und ergänzt wurde, Bestle [1983, 1984]. Besondere Beachtung findet darin neben dem Auffinden von beharrlichen Gruppen und der Bestimmung ihrer Perioden und Grenzwahrscheinlichkeitsverteilungen vor allem die effiziente Berechnung der Absorptionswahrscheinlichkeiten und -zeiten. Hier soll auf programmtechnische Details jedoch nicht näher eingegangen werden. Nur grundlegende Ideen werden dazu angegeben und einige Eigenschaften, die bei genügend kleinen Zellgrößen zu erwarten sind, werden beschrieben.

6.5.1 Bestimmung der Abbildungsmatrix

Ausgangspunkt ist die autonome Punktabbildung

$$\mathbf{x}(n+1) = \mathbf{g}(\mathbf{x}(n)) \quad , \quad \mathbf{g}: \mathbf{R}^N \rightarrow \mathbf{R}^N \, . \tag{6.82}$$

Die allgemeine Zellabbildung

$$\zeta(n+1) = \mathbf{P}\, \zeta(n) \tag{6.83}$$

wird vollständig durch die Abbildungsmatrix $\mathbf{P}$ beschrieben. Die Elemente der Matrix $\mathbf{P}$, die Übergangswahrscheinlichkeiten p_{ij}, ergeben sich aus der Abbildung der Zelle j. Dazu wird auf die Zelle j die Gleichung (6.82) angewandt und die Anteile p_{ij} bestimmt, mit denen das Bildgebiet die Bildzellen i überdeckt. Bei der Abbildung wird stets davon ausgegangen, daß die Zustandspunkte innerhalb einer Zelle gleichmäßig dicht verteilt sind. Verschiedene Methoden sind zur Ermittlung der Elemente p_{ij} möglich.

Die von Hsu [1981] zunächst benutzte Interpolationsmethode ist nur für niederdimensionale Probleme brauchbar. Eine weitere, naheliegende Methode besteht darin, daß man den Rand einer Zelle j der Abbildung (6.82) unterwirft und daraus die Übergangswahrscheinlichkeiten p_{ij} auf die verschiedenen Bildzellen bestimmt. Dabei stößt man jedoch auf das Problem, daß man die

Kontur einer Urzelle relativ genau abbilden muß, um die Zahl der Bildzellen hinreichend vollständig zu erfassen. Außerdem ist dabei von einer Gleichverteilung der Zustände auf das Bildgebiet auszugehen, was jedoch i.a. nicht gegeben ist. Robuster und für höhere Systemdimensionen sehr viel praktikabler ist dagegen die Stichprobenmethode.

Die Bedeckung einer Zelle mit einem Stichprobenraster wird analog zur Unterteilung des interessierenden Bereichs des Zustandsraumes in reguläre Zellen vorgenommen. Dazu wird jede Raumrichtung der Zelle in Intervalle unterteilt, Bild 6.6. Die Zahl der Intervalle N_{sk} , $k = 1,...,N$, entspricht der Zahl der Stichproben je Raumrichtung. Der Mittelpunkt eines solchen Zellteilbereiches repräsentiert dann eine Stichprobe und wird der Abbildung (6.82) unterworfen.

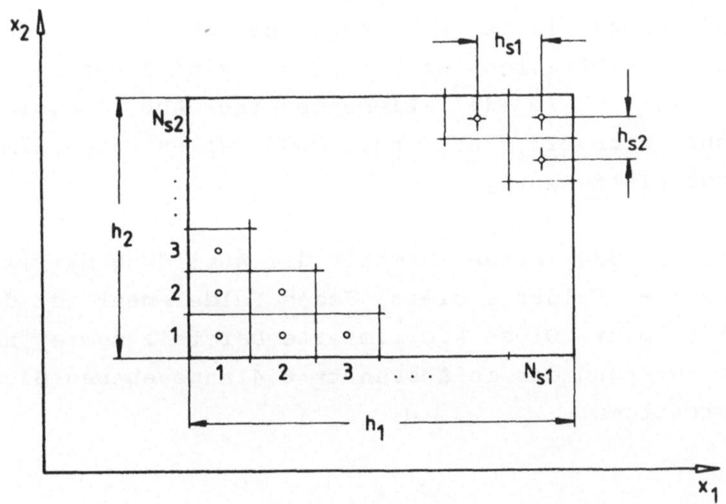

Bild 6.6. Stichprobenraster für eine Zelle im zweidimensionalen Fall

Die Zahl der Stichproben einer Zelle ist dann

$$N_s = \prod_{k=1}^{N} N_{sk} \tag{6.84}$$

und die Stichprobenabstände für die N Raumrichtungen ergeben sich zu

$$h_{sk} = \frac{h_k}{N_{sk}} \quad , \quad k = 1,\dots,N \quad , \tag{6.85}$$

mit der Zellbreite h_k entsprechend (6.2). Wird die Zahl der Bildpunkte der Stichproben, die auf eine Zelle i entfallen, mit m_{ij} bezeichnet, dann erhält man für die Übergangswahrscheinlichkeiten

$$p_{ij} = \frac{m_{ij}}{N_s} \quad , \quad i,j \in S \quad . \tag{6.86}$$

6.5.2 Codierung der Abbildungsmatrix

Im Vergleich zur Zahl der regulären Zellen ist die Zahl der Bildzellen einer Zelle nur sehr gering. Viele der Übergangswahrscheinlichkeiten nach (6.86) sind daher 0 . Das Abspeichern aller $(N_r+1)^2$ Elemente einer Abbildungsmatrix ist daher nicht sinnvoll; bei nur 10000 Zellen wären nämlich ca. 10^8 Speicherplätze nötig.

Von Bestle [1983] wurde deshalb die Abbildungsmatrix in zwei eindimensionale Felder codiert. Jedes Feldelement ist dabei aus 32-Bits aufgebaut. Diese komprimierte Darstellung ist natürlich bei der Auswertung der in Abschnitt 6.4 angegebenen Gleichungen zu berücksichtigen.

6.5.3 Eigenschaften der allgemeinen Zellabbildung

Für genügend kleine Zellgrößen sind bei der Untersuchung dynamischer Systeme mit der allgemeinen Zellabbildung die folgenden Eigenschaften zu erwarten:

- Ein asymptotisch stabiler P-1 Punkt der Punktabbildung wird im allgemeinen durch eine absorbierende Zelle, welche diesen Punkte enthält, oder durch eine aperiodische Gruppe beharrlicher Zellen in der Umgebung des P-1 Punktes ersetzt.

- Eine asymptotisch stabile P-k Lösung der Punktabbildung wird im allgemeinen durch eine periodische Gruppe von beharrlichen Zellen der Periode k ersetzt. Die periodischen Zellen enthalten entweder die P-k Punkte oder sind in der Umgebung der P-k Punkte der P-k Lösung.

- Es seien k, l und m positive ganze Zahlen mit l = mk und die Zellabbildung werde aus der Punktabbildung g^m bestimmt. Dann wird eine asymptotisch stabile P-l Lösung der Punktabbildung g i.a. durch m periodische Gruppen der Periode k ersetzt. Hat die Periode den Wert k=1 , dann werden die Gruppen entweder durch absorbierende Zellen oder aperiodische Gruppen gebildet.

- Für eine instabile P-k Lösung der Punktabbildung existiert im allgemeinen keine gleichwertige Konfiguration in der Zellabbildung. Aus dem flüchtigen Verhalten der Wahrscheinlichkeitsverteilung in der Nähe der P-k Punkte dieser Lösung ist zu erwarten, daß die Zellen, die diese P-k Punkte enthalten, flüchtige Zellen werden.

- Zeigt eine Punktabbildung chaotisches Verhalten in einem Teil des Zustandsraumes, dann ist zu erwarten, daß die entsprechende allgemeine Zellabbildung eine große beharrliche Gruppe bildet, die den gleichen Bereich des Zustandsraumes einnimmt. Es hängt von der Natur der chaotischen Bewegung ab, ob die beharrliche Gruppe aperiodisch oder periodisch ist.

- Die Einzugsbereiche asymptotisch stabiler Lösungen hängen nicht zusammen. Sie können sich jedoch auf sehr komplexe Art umeinander winden. Wird eine Zelle Ω_j von verschiedenen Einzugsbereichen durchzogen, dann ist davon auszugehen, daß die Zelle Ω_j auf die verschiedenen Einzugsbereiche der entsprechenden beharrlichen Gruppen aufgeteilt und von diesen absorbiert wird. Die Absorptionswahrscheinlichkeitsverteilung unter diesen Gruppen gibt den Umfang an, durch welchen die Zelle j von den verschiedenen Einzugsbereichen bedeckt ist. Das ist der Hauptvorteil der allgemeinen Zellabbildung. Wird α^*_{lj} zur Beschreibung des globalen Verhaltens benutzt, dann kann man den sich unendlich oft wiederholenden Prozeß der Punktabbildung umgehen.

6.6 Beispiele zur allgemeinen Zellabbildung

Welche Ergebnisse die allgemeine Zellabbildung liefert, wird an zwei Beispielen exemplarisch verdeutlicht. Am Beispiel eines Reibungsschwingers wird die Untersuchung eines autonomen Systems mit Grenzzykel erläutert. Die modifizierte Duffing-Gleichung dient wiederum als Modell für einen nichtlinearen Schwinger mit periodischer Erregung.

6.6.1 Autonomes System

Ein bekanntes Beispiel für ein nichtlineares autonomes System ist der Reibungsschwinger, der z. B. als Modell einer gestrichenen Saite angesehen werden kann. Ein einfaches mechanisches Modell eines solchen Schwingungssystems besteht aus einer durch eine Feder mit linearer Charakteristik (Koeffizient c) gefesselte und zusätzlich noch gedämpfte (Dämpfungskonstante δ) Masse, die auf einem Förderband liegt. Infolge der Bewegung $\dot{x}^*$ des Förderbandes wird die Masse zu Schwingungen angeregt, Bild 6.7. Mit den in Bild 6.7 wiedergegebenen Reibungsverhältnissen wird das System durch die Gleichung

$$\ddot{x} + 2d\dot{x} + x = -\mu(\dot{x}_r)\,\frac{g}{\omega_0^2} \qquad (6.87)$$

beschrieben, wobei die Relativgeschwindigkeit $\dot{x}_r = \dot{x} - \dot{x}^*$ mit $\dot{x}^* = 0.5$, $\omega_0^2 = \frac{c}{m}$ und der die Dämpfung beschreibende Parameter $d = \frac{\delta}{m\omega_0} = 0.01$ gesetzt wurden.

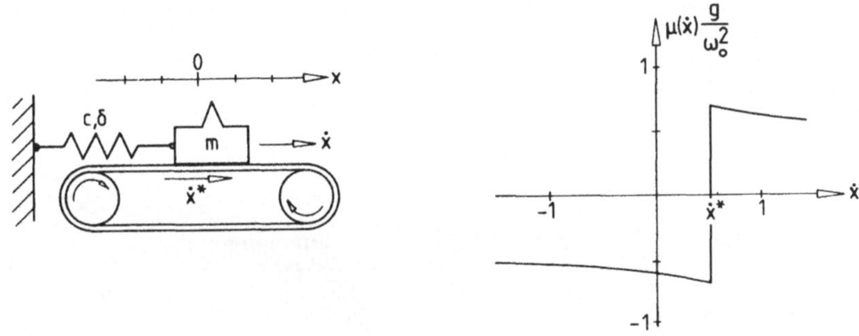

Bild 6.7. Reibungsschwinger

Bei Auswertung von (6.87) ergibt sich ein Grenzzykel, der bis auf den singulären Punkt in (0.6,0.0) global attraktiv ist. Dieser Punkt ist ein instabiler Strudel. Das Einzugsgebiet des Grenzzykels ist damit die gesamte Zustandsebene mit Ausnahme des Punktes (0.6,0.0).

Zur Analyse mit der Zellabbildung wurde der reguläre Bereich des Zustandsraumes mit $x_i \in [-1.5,1.5)$, $i=1,2$, angenommen. Für $N_{zi} = 101$, $i = 1,2$, ergeben sich 10.201 Zellen mit den Kantenlängen $h_i = 0.029703$, $i = 1,2$. Die Zellabbildung wurde mit der Diskretisierungszeit $\tau = 0.4$ und mit $N_{si} = 2$, $i = 1,2$, d.h. 4 Stichproben je Zelle bestimmt. Der Stichprobenabstand beträgt dann $h_{si} = 0.0148515$, $i = 1,2$.

Damit liefert das Rechenprogramm eine große aperiodische beharrliche Gruppe aus 1578 Zellen, Kreuzer [1984]. Der Grund für diese verhältnismäßig große beharrliche Gruppe resultiert aus der relativ kurzen Diskretisierungszeit τ und wird in Abschnitt 6.7 noch ausführlicher diskutiert. Wird für diese Gruppe die Grenzwahrscheinlichkeitsverteilung bestimmt, dann ergibt sich Bild 6.8. Die Zellen mit einer Wahrscheinlichkeit $(7 \cdot 10^{-4}, 1]$ bedecken den Grenzzykel. Für die weiteren Zellen gelten die angegebenen Wahrscheinlichkeiten.

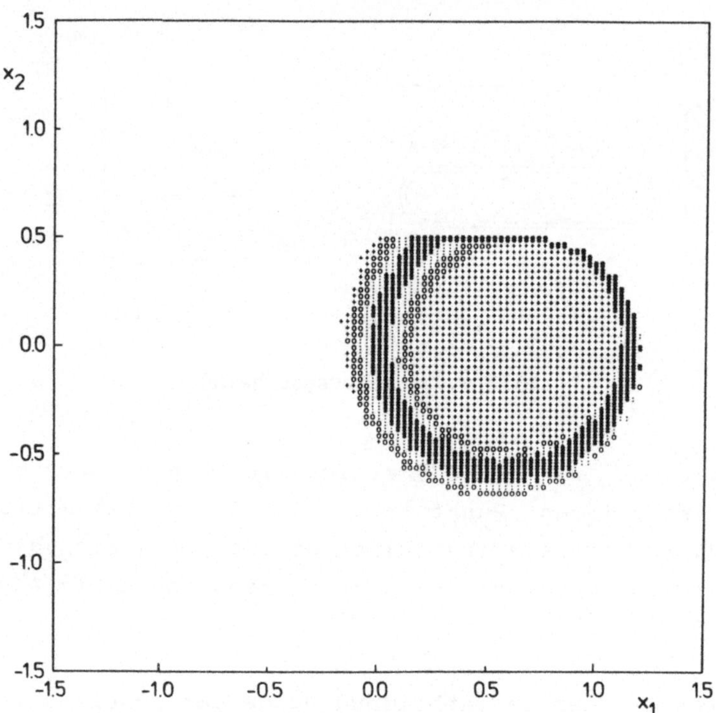

Bild 6.8. **Grenzwahrscheinlichkeitsverteilung p innerhalb der beharrlichen Gruppe des Reibungsschwingers**

: $p_i \in (7 \cdot 10^{-4}, 1]$, : $p_i \in (10^{-4}, 7 \cdot 10^{-4}]$,

: $p_i \in (10^{-6}, 10^{-4}]$, : $p_i \in (0, 10^{-6}]$

Das Verhalten der flüchtigen Zellen im Einzugsbereich der aperiodischen beharrlichen Gruppe wird durch die Bilder 6.9 und 6.10 wiedergegeben. Dabei ist zu beachten, daß die nicht zum Einzugsbereich gehörenden Zellen nahe der Eckpunkte nur aufgrund der Abgrenzung des Zustandsraumes auftreten. Die Absorptionswahrscheinlichkeiten in die beharrliche Gruppe sind aus Bild 6.9 abzulesen. Die erwarteten Absorptionszeiten der flüchtigen Zellen in die beharrliche Gruppe sind in Bild 6.10 angegeben.

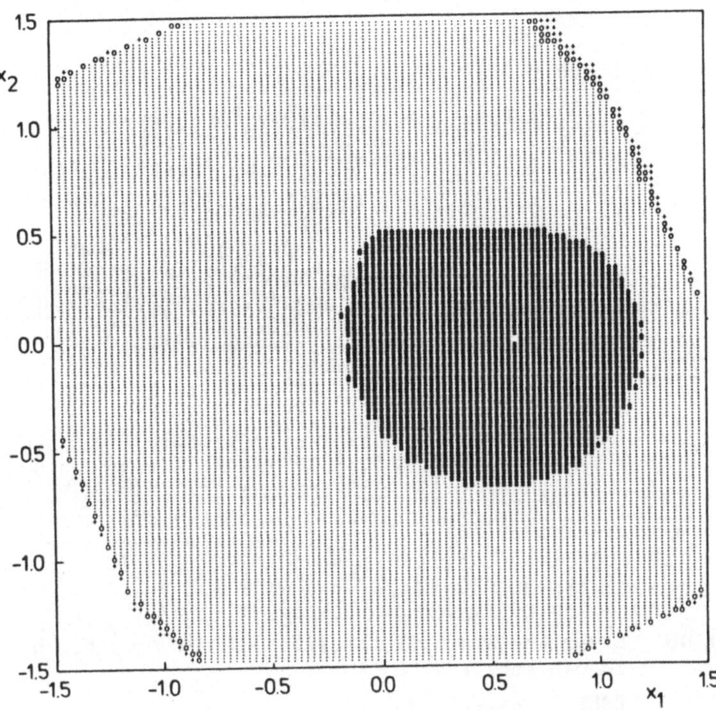

Bild 6.9. Absorptionswahrscheinlichkeiten α^* der flüchtigen Zellen in die beharrliche Gruppe

: beharrliche Gruppe , : $\alpha_i^* \in (0.9999, 1]$

: $\alpha_i^* \in (0.4999, 0.9999]$, : $\alpha_i^* \in (0, 0.4999]$

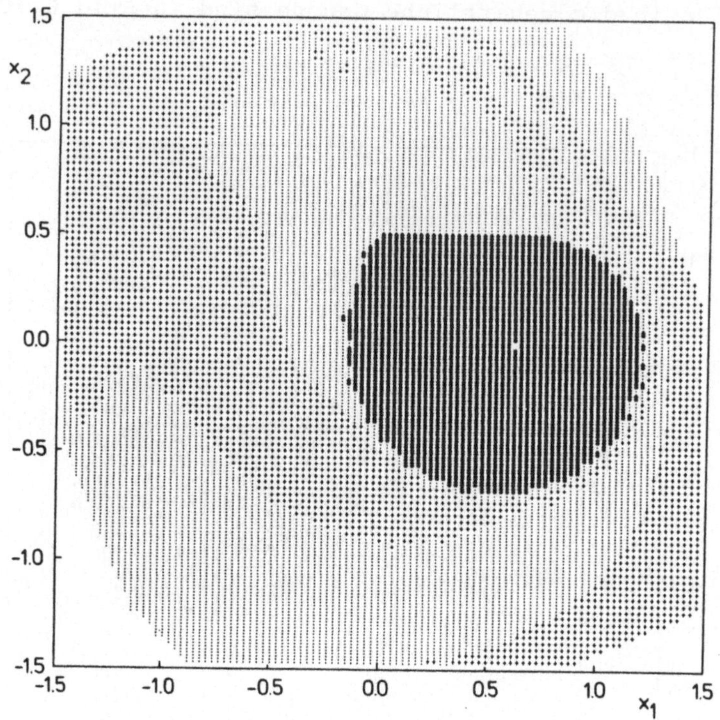

Bild 6.10. Erwartete Absorptionszeiten v^* der flüchtigen Zellen in die beharrliche Gruppe

: beharrliche Gruppe

: $v_i^* \varepsilon \{(0,3], (6,9], (12,15]\}$

: $v_i^* \varepsilon \{(3,6], (9,12]\}$

6.6.2 Nichtautonomes System

Um einen Vergleich der Ergebnisse der einfachen Zellabbildung und der allgemeinen Zellabbildung zu ermöglichen, wird wiederum der nichtlineare Schwinger behandelt, der auf die modifizierte Duffing-Gleichung (6.10) führt. Es werden die gleichen Parameterwerte wie in Abschnitt 6.2.6 und die Diskretisierungszeit wieder zu $\tau = 2\pi$ gewählt. Legt man außerdem das gleiche Zellraster zugrunde und bestimmt die Übergangswahrscheinlichkeiten

p_{ij} mit $N_{si} = 2$, $i = 1,2$, also 4 Stichproben je Zelle, dann liefert das Zellabbildungsprogramm die in den Bildern 6.11 bis 6.13 wiedergegebenen Ergebnisse. Die beiden Attraktoren werden durch aperiodische beharrliche Gruppen ersetzt. Die einperiodische Lösung wird durch eine kleine Gruppe von 2 Zellen repräsentiert. Der seltsame Attraktor wird von einer Gruppe aus 883 Zellen überdeckt. Beide Gruppen bedecken in der Schnittfläche des Phasenraumes das gleiche Gebiet wie die Lösung der Punktabbildung. Die Absorptionswahrscheinlichkeiten der flüchtigen Gruppen in die beharrlichen Zellen zeigt Bild 6.11.

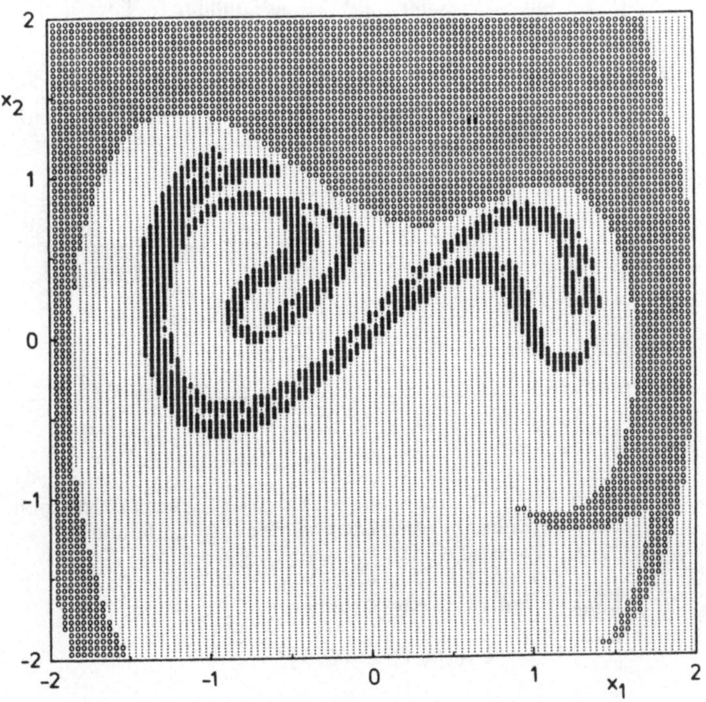

Bild 6.11. Absorptionswahrscheinlichkeiten α^* der flüchtigen Zellen in die beharrlichen Gruppen (s.a. Farbtafel 2)

: beharrliche Gruppen

: $\alpha_i^* \in (0.4999, 1]$ periodische Lösung

: $\alpha_i^* \in (0.4999, 1]$ seltsamer Attraktor

Die erwarteten Absorptionszeiten der flüchtigen Zellen für die Absorption in die beharrliche Gruppe, die die P-1 Lösung der Punktabbildung ersetzt, sind in Bild 6.12 angegeben.

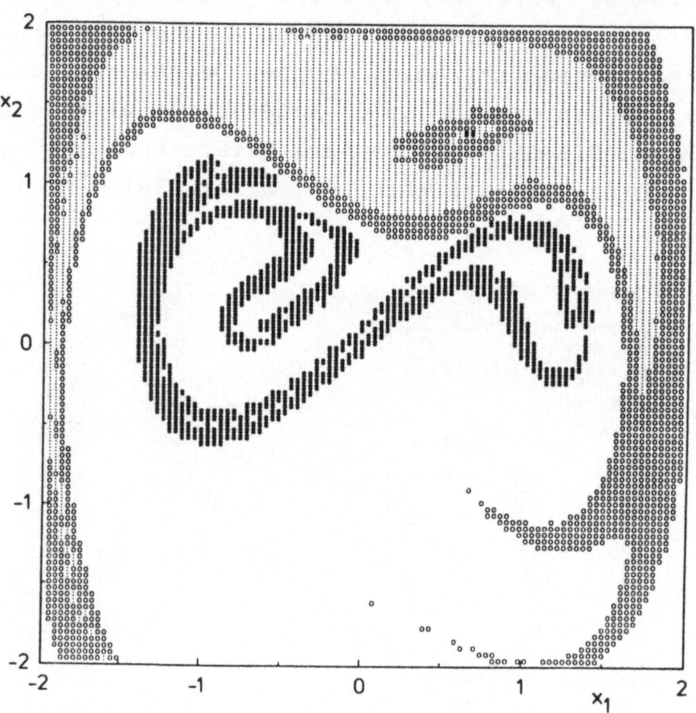

Bild 6.12. Erwartete Absorptionszeiten ν^* der flüchtigen Zellen in die beharrliche Gruppe der P-1 Lösung (s.a. Farbtafel 3)

: beharrliche Gruppen

: $\nu_i^* \in \{(0,3]\ ,\ (6,9]\}$

: $\nu_i^* \in \{(3,6]\ ,\ (9,\infty]\}$

Die erwarteten Absorptionszeiten der flüchtigen Zellen im Einzugsbereich des seltsamen Attraktors sind in Bild 6.13 wiedergegeben.

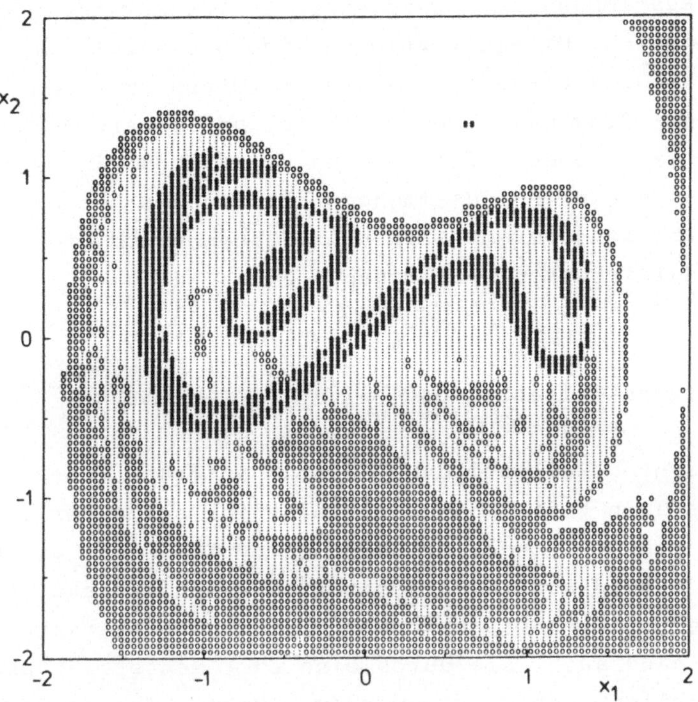

Bild 6.13. Erwartete Absorptionszeiten ν^* der flüchtigen Zellen in die beharrliche Gruppe des seltsamen Attraktors (s.a. Farbtafel 4)

: beharrliche Gruppe

: $\nu_i^* \in (0,2]$

: $\nu_i^* \in (2,\infty]$

6.7 Erfahrungen mit der Zellabbildungsmethode

Sowohl die einfache als auch die allgemeine Zellabbildung haben sich bei der Analyse nichtlinearer dynamischer Systeme sehr gut bewährt. Nicht nur die Lokalisierung von Attraktoren, gleichgültig ob regulär oder chaotisch, ist damit sehr einfach, sondern auch die Bestimmung der Einzugsgebiete ist mit relativ geringem Aufwand möglich. Um ein Verfahren jedoch sinnvoll einsetzen und um mit ihm zuverlässig umgehen zu können, muß man auch seine Grenzen und Schwächen kennen. Im folgenden werden zunächst die in manchen Problemen aufgetretenen kritischen Eigenschaften der Zellabbildungsmethode zusammengestellt. Dann werden Ergebnisse der Zellabbildung exemplarisch mit denen von Differential- und Differenzengleichungen verglichen.

6.7.1 Einfache Zellabbildung

Die einfache Zellabbildung ist aufgrund des schnellen Algorithmus auch bei großen Zellzahlen vor allem zur ersten groben Untersuchung eines dynamischen Systems sehr gut geeignet. Sie hat sich beim Auffinden von periodischen Attraktoren und deren Einzugsgebieten bewährt. Bei chaotischen Attraktoren ist zu beachten, daß auch sie durch eine oder mehrere Gruppen periodischer Zellen ersetzt werden, wobei die Bedeckung des Attraktors durch Zellen Lücken aufweist. Aussagen über die interne Struktur von seltsamen Attraktoren sind nicht möglich. Die Interpretation der Ergebnisse erfordert also eine gewisse Erfahrung.

Mit der einfachen Zellabbildung ist auch die Analyse konservativer Systeme möglich. Stabile Lösungen werden durch Gleichgewichtszellen oder Gruppen periodischer Zellen ersetzt, chaotische Bewegungen durch Gruppen periodischer Zellen großer Periode. Somit sind auch Hamiltonsche Systeme mit der einfachen Zellabbildung durchaus einer Untersuchung zugänglich. Es sei hier angemerkt, daß eine zur einfachen Zellabbildung gleichwertige Untersuchungsmethode von Rannou [1974] benutzt wurde, um konservative Systeme zu analysieren.

Bei der Untersuchung von Systemen mit Grenzzyklen hat sich gezeigt, daß aufgrund der Periodizität der Zellen die Periodendauer bis auf etwa 10 % genau abgeschätzt werden kann. Dies ist für praktische Probleme meist ausreichend, da man stets davon auszugehen hat, daß die Systemparameter nicht exakt bekannt sind, Bestle und Kreuzer [1985a-d].

Bei der Bestimmung der Einzugsbereiche ist zu beachten, daß manchmal das Attraktionsgebiet etwas aufgeweitet erscheint, wenn man den Rand durch die Verbindung der Mittelpunkte aller Randzellen ermittelt. Es können sich nämlich zusätzliche Zellen dadurch anlagern, daß der Mittelpunkt einer sogenannten Pseudoeinzugszelle in eine Zelle abgebildet wird, die tatsächlich zum Einzugsbereich gehört, die aber teilweise über die, z. B. durch eine Separatrix definierte Grenze des tatsächlichen Einzugsbereichs hinausreicht, Bild 6.14.

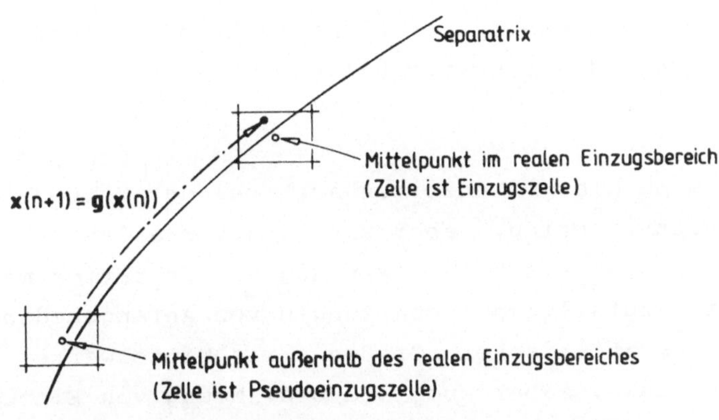

Bild 6.14. Entstehung von Pseudoeinzugszellen

Es sind auch ganze Ketten von Pseudoeinzugszellen möglich, bis schließlich eine Pseudoeinzugszelle auf eine tatsächliche Einzugszelle trifft. Durch Verkleinerung der Zellgröße läßt sich dieser Effekt reduzieren.

Der entgegengesetzte Effekt kann ebenfalls eintreten, d.h., daß Zellen im tatsächlichen Einzugsbereich z. B. als Zellen erscheinen, die zur Sinkzelle abgebildet werden. Dies ist vor allem dann möglich, wenn ein seltsamer Attraktor vorliegt, der dicht an eine Separatrix heranreicht. Durch Verkleinerung oder Verschiebung des Zellrasters lassen sich "Löcher" im Einzugsbereich i.a. eliminieren.

6.7.2 Allgemeine Zellabbildungsmethode

Die allgemeine Zellabbildungsmethode liefert i.a. wesentlich detailliertere Aussagen über das Systemverhalten. Vor allem die statistischen Kenngrößen Absorptionswahrscheinlichkeiten und erwartete Absorptionszeiten erlauben die für die Praxis wichtigen Aussagen über das Einschwingverhalten dissipativer dynamischer Systeme. Gerade bei der Analyse von Systemen mit chaotischem Verhalten sind statistische Untersuchungsmethoden von Vorteil, da dort klassische Lösungsmethoden weitgehend versagen. Mit analytischen Methoden ist es nicht möglich, gleichwertige Informationen über das Systemverhalten zu gewinnen, Kreuzer [1985a-d].

Natürlich sind die Rechenzeiten auch bei der Methode der Zellabbildung nicht gering, aber sie sind vor allem bei chaotischen Systemen geringer als bei Verwendung von Iterationsmethoden verbunden mit zufälligen Schätzungen von Anfangsbedingungen. Die Berechnung statistischer Größen, wie Mittelwerte, Standardabweichungen usw., aber auch die Bestimmung von Einzugsbereichen erfordert mit der Zellabbildung nur etwa den fünften Teil der Rechenzeit anderer Verfahren und oft sogar noch wesentlich weniger. Dies haben umfangreiche Untersuchungen von Hsu und Kim [1985] gezeigt.

Bei der allgemeinen Zellabbildung kann infolge eines fast parallelen Phasenflusses ein Problem auftreten, das man als "Aufweiten des Zellflusses" bezeichnen kann. Fast parallele Phasenflüsse treten in dissipativen Systemen bei quasiperiodischen Bewegungen oder bei "schwacher Stabilität" auf. Daß die Aufweitung auch bei noch so geringer Zellgröße u.U. nicht zu vermeiden ist, wird sofort aus Bild 6.15 klar. Die Aufweitung wird umso größer, je mehr Stichproben zur Bestimmung der allgemeinen Zellabbildung herangezogen werden.

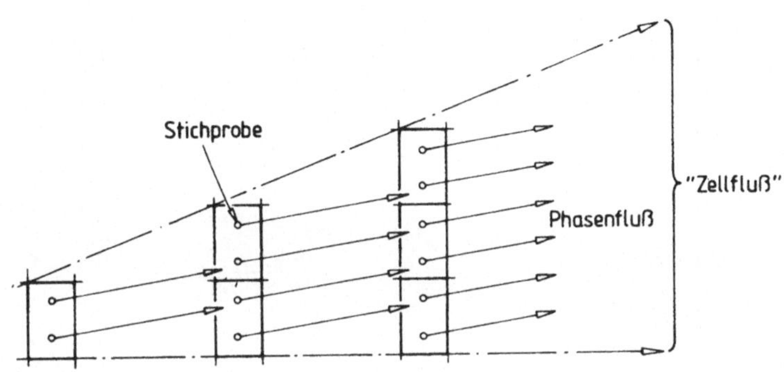

Bild 6.15. Aufweitung des "Zellflusses" bei fast parallelem Phasenfluß und zwei Stichproben je Zelle

Das Resultat dieses Effektes ist, daß sich ein Attraktor "verflüchtigen" kann, wenn die Aufweitung die transversale Anziehung überwiegt. Meist nimmt jedoch die beharrliche Gruppe, die den Attraktor repräsentiert, einen größeren Bereich des Zustandsraumes ein als der Attraktor. Im Rahmen der Zellabbildung kann man der schwachen Attraktivität gerecht werden, indem zur Bestimmung der Zellabbildung bei Differenzengleichungen Mehrschrittübergänge, $\mathbf{x}(n) \rightarrow \mathbf{x}(n+m)$, $m>1$, und bei Differentialgleichungenssystemen längere Diskretisierungszeiten zugrundegelegt werden, Bild 6.16. Ein Vergleich der Bilder 6.8 und 6.16 macht dies deutlich. Den Ergebnissen in Bild 6.8 liegt die Diskretisierungszeit $\tau = 0.4$ zugrunde, während für Bild 6.16 die Zeit $\tau = 1.5$ gewählt wurde.

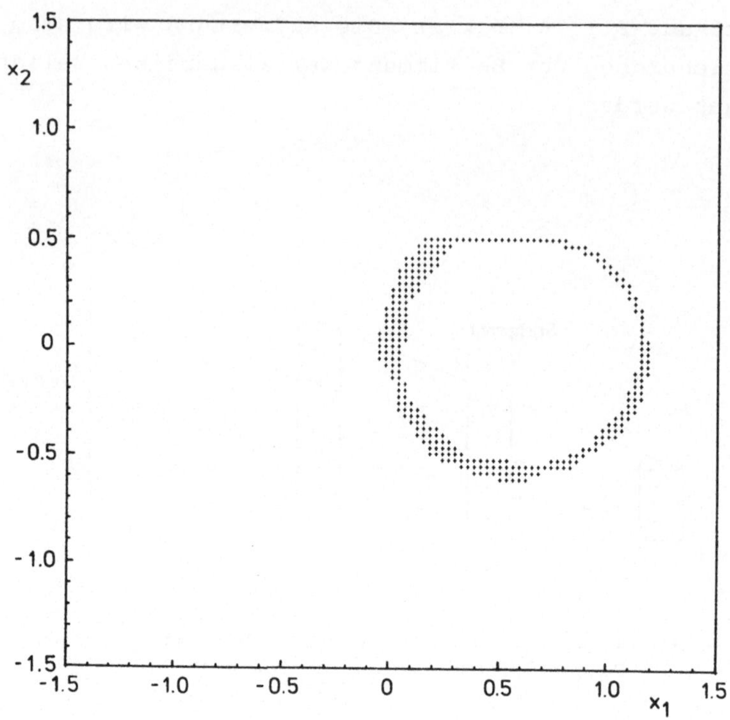

Bild 6.16. Beharrliche Gruppe des Reibungsschwinger (6.87) für die Diskretisierungszeit $\tau = 1.5$

6.7.3 Gegenüberstellung wichtiger Aussagen über Attraktoren

Hat man ein dynamisches System mit der Zellabbildungsmethode untersucht, so ist man natürlich auch daran interessiert, welche der lokalen Eigenschaften des kontinuierlichen Systems oder des diskreten Systems in der Nähe periodischer Lösungen bzw. von Attraktoren erhalten bleiben und welche nicht. Eine Reihe der wichtigsten Eigenschaften wurde in den Abschnitten 6.2.5 für die einfache Zellabbildung und in Abschnitt 6.5.3 für die allgemeine Zellabbildung angegeben. Zusätzlich ist aber eine Zusammenstellung der graphischen Ergebnisse nützlich, wie sie von den Zellabbildungsprogrammen für verschiedene Attraktoren geliefert werden. In Tabelle 6.1 werden dazu Ergebnisse, die aufgrund von Simulationen von Differentialgleichungen oder Differenzengleichungen gefunden wurden, denen der Zellabbildung gegenübergestellt. Dabei wird zusätzlich zwischen autonomen und nichtautonomen Systemen unterschieden.

Tabelle 6.1. Attraktoren und ihre Darstellung

Typ		Phasenportrait	Zellabbildung einfach	Zellabbildung allgemein
autonom	Fixpunkt			
	Grenzzykel	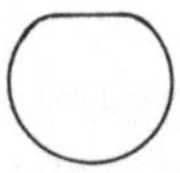	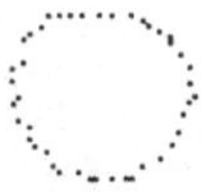	
		Poincaré-Abbildung		
nichtautonom	Grenzzykel			
	Seltsamer Attraktor	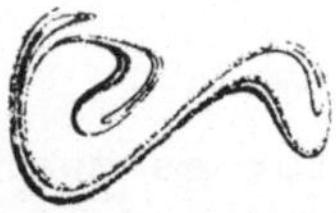	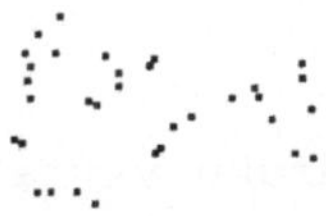	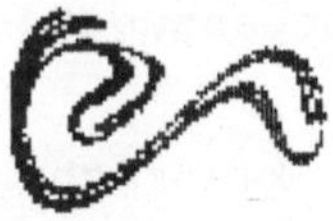

7 Zusammenfassung

Eine genaue Modellierung realer dynamischer Systeme führt normalerweise auf nichtlineare Gleichungen, die man selbst wieder als nichtlineare dynamische Systeme bezeichnet. Darüber hinaus sind technische dynamische Systeme in der Regel dissipativ und das Langzeitverhalten solcher Systeme verläuft im allgemeinen auf Attraktoren. Im Gegensatz zu den linearen Systemen existiert für die nichtlinearen Systeme keine abgeschlossene Theorie, die es gestattet, allgemeine Lösungen anzugeben und damit das Verhalten für beliebige Anfangsbedingungen und alle Zeiten zu beschreiben. Von Ausnahmen abgesehen ist man deshalb nicht in der Lage, analytische Lösungen für nichtlineare dynamische Systeme anzugeben.

Mit klassichen Näherungsverfahren ist es zwar häufig möglich, für den Fall kleiner Nichtlinearitäten periodische oder quasiperiodische Lösungen zu berechnen und Aussagen über deren Stabilität zu machen. Diese Verfahren versagen jedoch im allgemeinen, wenn die nichtlinearen Anteile größer werden oder wenn das Verhalten eines Systems irregulär oder chaotisch ist. Numerische Untersuchungsmethoden, die qualitative und quantitative Ausagen über das Systemverhalten liefern, erlauben es aber heute, auf analytische Lösungen oftmals verzichten zu können. Die Zusammenstellung, Diskussion und Erweiterung numerischer Untersuchungsmethoden ist das wichtigste Ziel der vorliegenden Arbeit. Alle Ausführungen beschränken sich auf Systeme, die durch gewöhnliche Differentialgleichungen oder Differenzengleichungen beschrieben werden. Außerdem werden vor allem solche Methoden betrachtet, die für die angewandte Dynamik von Bedeutung sind und auf effiziente Algorithmen führen.

Neben mathematischen Grundlagen werden zunächst die konservativen Systeme behandelt. Diese Gruppe dynamischer Systeme ist zwar in der Technik von untergeordneter Bedeutung, doch viele Untersuchungsmethoden sind daraus hervorgegangen. Dagegen sind die nichtkonservativen oder dissipativen Systeme in der angewandten Dynamik von besonderem Interesse. Mit Abklingen des Einschwingvorgangs nähert sich dabei der Systemzustand in der Regel einem Attraktor.

Eine Definition von Attraktoren, die den technischen Erfordernissen Rechnung trägt, wird deshalb angegeben. In nichtlinearen Systemen beobachtet man neben den regulären Attraktoren wie Fixpunkt, Grenzzykel und Torus auch solche, für die das Verhalten der Trajektorien im klassischen Sinne instabil ist, da kleine Störungen mit der Zeit exponentiell anwachsen. Man nennt diese Attraktoren deshalb seltsame Attraktoren. Numerische Experimente stärken die Vermutung, daß in fast jedem nichtlinearen dynamischen System seltsame Attraktoren auftreten können.

Da die einzelne Trajektorie im allgemeinen nur wenig Information über das Verhalten nichtlinearer dynamischer Systeme liefert, ist es besser, ein ganzes Ensemble von Trajektorien zu betrachten. Damit wird jedoch der strenge Determinismus aufgegeben, den man bei der Untersuchung dynamischer Systeme normalerweise zugrunde legt. Man kann nur noch statistische Vorhersagen über durchschnittliche Ergebnisse machen. In der Technik ist man normalerweise daran interessiert, ungeordnete Bewegungen möglichst gering zu halten oder zu vermeiden. Deshalb sind Beurteilungskriterien von Bedeutung, die auch die Abhängigkeit des Systemverhaltens von Parameteränderungen erfassen.

Um die verschiedenen Attraktoren unterscheiden zu können, werden charakteristische Merkmale diskutiert und entsprechende Untersuchungsmethoden beschrieben. Als besonders geeignet erweisen sich die folgenden Untersuchungsmethoden:

- Punktabbildungen gehen meist aus einer Zeitdiskretisierung eines kontinuierlichen Systems hervor. Reguläres und chaotisches Verhalten ist leicht zu unterscheiden. Seltsame Attraktoren zeichnen sich durch Cantormengenstruktur der Punktabbildungen aus.

- Leistungsspektren einzelner Zeitmeßreihen können leicht aus Fourier-Transformationen bestimmt werden. Periodisches oder quasiperiodisches Verhalten ist durch ein diskretes Leistungsspektrum, chaotisches Verhalten durch ein kontinuierliches Spektrum gekennzeichnet.

- Ljapunov-Exponenten beschreiben das Konvergenz- oder Divergenzverhalten benachbarter Trajektorien. Sie eignen sich deshalb zur Unterscheidung von regulären und seltsamen Attraktoren. Treten keine positiven Exponenten auf, dann liegt ein regulärer Attraktor vor.

- Dimension ist ein klassisches Unterscheidungsmerkmal. Um für dynamische Systeme von Bedeutung zu sein, ist der Dimensionsbegriff im Sinne eines Wahrscheinlichkeitsmaßes zu erweitern. Für reguläre Attraktoren nimmt die Dimension ganzzahlige Werte an.

- Entropie ist in der Dynamik in informationstheoretischem Sinne zu verstehen. Sie macht Aussagen zu Kurzzeitvorhersagen über das Verhalten von Systemzuständen aus einem kleinen Bereich des Phasenraums. Positive Entropie ist charakteristisch für chaotische Systeme.

- Zellabbildungen eignen sich zur Lokalisierung von Attraktoren und zur Bestimmung der zugehörigen Einzugsgebiete. Dabei ist es gleichgültig, ob das Systemverhalten regulär oder chaotisch ist. Darüber hinaus liefert die allgemeine Zellabbildung Aussagen über das Zeitverhalten im Einzugsgebiet sowie die Wahrscheinlichkeitsverteilungen innerhalb der Attraktoren.

Sofern das Verhalten eines Systems regulär ist, können u.U. auch aus dem Phasenportrait nützliche Hinweise erhalten werden. Aufgrund von Zeitverläufen einzelner Zustandsgrößen ist jedoch selten eine befriedigende Systembeurteilung möglich.

Als sehr wirkungsvoll bei der Untersuchung nichtlinearer dynamischer Systeme hat sich die Zellabbildungsmethode erwiesen. Damit können Informationen über das Systemverhalten vor allen bei chaotischen Bewegungen gefunden werden, die mit anderen Methoden nur schwer oder überhaupt nicht ermittelt werden können. Die Modifikationen und vor allem die Ergänzung durch einen effizienten Algorithmus zur Bestimmung der Absorptionszeiten und -wahrscheinlichkeiten haben zu einer wesentlichen Verbesserung der Zellabbildungsmethode beigetragen.

Der Mangel an mathematisch streng begründeten, exakten Lösungsverfahren für nichtlineare dynamische Systeme war die wesentliche Motivation für die vorliegende Arbeit. Man könnte die Arbeit auch mit der auf Kolmogorov zurückgehenden Aussage rechtfertigen: "Es ist nicht so wichtig, mathematisch exakt zu sein, Hauptsache man ist korrekt". Es soll jedoch nochmals betont werden, daß mit einzelnen numerischen Untersuchungsmethoden eine vollständige Beurteilung nichtlinearer dynamischer Systeme nicht möglich ist. Normalerweise werden numerisch gefundene Aussagen durch analytische und topologische Betrachtungen zu ergänzen sein.

Literatur

Abraham, R.; Marsden, J.E. [1978]: Foundations of Mechanics. 2nd enlarged Ed., Reading, Mass.: Benjamin/Cummings Publ.

Abraham, R.; Marsden, J.E.; Ratiu, T. [1983]: Manifolds, Tensor Analysis, and Applications. London/...: Addision-Wesley Publ. Comp.

Abraham, R.H.; Shaw, C.D. [1982]: Dynamics - The Geometry of Behavior. Part 1: Periodic Behavior. Santa Cruz: Aerial Press.

Andronov, A.A.; Witt, A.A.; Chaikin, S.E. [1965]: Theorie der Schwingungen I. Berlin: Akademie-Verl.

Arnold, V.I. [1963a]: Proof of a Theorem of A.N. Kolmogorov on the Conservation of Conditionally-Periodic Motions under Small Perturbation of the Hamiltonian. In: Russ. Math. Surv. 18, S. 9-36.

Arnold, V.I. [1963b]: Small Denominators and Problems of Stability of Motion in Classical and Celestical Mechanics. In: Russ. Math. Surv. 18, S. 85-191.

Arnold, V.I. [1964]: Instability of Dynamical Systems with Several Degrees of Freedom. In: Soviet Math. Dokl. 5, S. 581-585.

Arnold, V.I. [1978]: Mathematical Methods of Classical Mechanics. New York/...: Springer-Verl.

Arnold, V.I. [1980]: Gewöhnliche Differentialgleichungen. Berlin/...: Springer-Verl.

Arnold, V.I. [1983]: Geometrical Methods in the Theory of Ordinary Differential Equations. Grundlehren, 250. New York/...: Springer-Verl.

Aulbach, B. [1983a]: Asymptotic Stability Regions via Extensions of Zubov's Method-I. In: Nonlinear Analysis, Theory, Methods, and Applications 7, Nr. 12, S. 1431-1440.

Aulbach, B. [1983b]: Asymptotic Stability Regions via Extensions of Zubov's Method-II. In: Nonlinear Analysis, Theory, Methods, and Applications 7, Nr. 12, S. 1441-1454.

Aulbach, B. [1984]: Continuous and Discrete Dynamics near Manifolds of Equilibria. Berlin/...: Springer-Verl.

Benettin, G.; Galgani, L.; Strelcyn, J.-M. [1976]: Kolmogorov Entropy and Numerical Experiments. In: Phys. Rev. A 14, S. 2338-2345.

Benettin, G.; Casartelli, M.; Galgani, L.; Giorgilli, A.; Strelcyn, J.-M. [1978]: On the Reliability of Numerical Studies of Stochasticity. In: Il Nuovo Cimento 44 B, S. 183-195.

Benettin, G,; Galgani, L.; Giorgilli, A.; Strelcyn, J.-M. [1980]: Lyapunov Characteristic Exponents for Smooth Dynamical Systems and for Hamilton Systems; A Method for Computing All of Them. In: Meccanica 15, S. 9-30.

Berman, A.; Plemmons, R.J. [1979]: Nonnegative Matrices in the Mathematical Sciences. New York/...: Academic Press.

Bernussou, J. [1977]: Point Mapping Stability. Oxford/...: Pergamon Press.

Berry, M.V. [1978]: Regular and Irregular Motion. In: Topics in Nonlinear Dynamics. A Tribute to Sir Edward Bullard. Jorna, S. (ed.). AIP Conference Proceeding Vol. 46, New York: American Institute of Physics, S. 16-120.

Bestle, D. [1983]: Analyse nichtlinearer dynamischer Systeme mit der Methode der Zellabbildung. Stuttgart: Universität, Inst. B für Mech., Stud-6.

Bestle, D. [1984]: Analyse nichtlinearer dynamischer Systeme mit qualitativen und quantitativen Methoden. Stuttgart: Universität, Inst. B für Mech., Dipl-11.

Bestle, D. [1985]: Charakteristische Kriterien für nichtlineare Schwingungen und chaotische Bewegungen. Stuttgart: Universität, Bericht für das Graduiertenkolleg der Robert Bosch Stiftung.

Bestle, D.; Kreuzer, E. [1985]: Analyse von Grenzzyklen mit der Zellabbildungsmethode. In: Z. Angew. Math. und Mech. 65, Nr. 4, S. T29-T32.

Bestle, D.; Kreuzer, E. [1986]: A Modification and Extension of an Algorithm for Generalized Cell Mapping. In: Comput. Meth. in Appl. Mech. and Engng.

Birkhoff, G.D. [1927]: Dynamical Systems. Providence: Amer. Math. Soc. Publ.

Birkhoff, G.D. [1950]: George David Birkhoff Collected Mathematical Papers. Providence: Amer. Math. Soc. Publ.

Blaquière, A. [1966]: Nonlinear System Analysis. New York/...: Academic Press.

Carr, J. [1981]: Applications of Centre Manifold Theory. New York/...: Springer-Verl.

Chillingworth, D.R.J. [1976]: Differential Topology with a view to applications. London/...: Pitman Publ.

Chung, K.L. [1967]: Markov Chains With Stationary Transition Probabilities. 2nd ed., New York: Springer-Verl.

Collet, P.; Eckmann, J.-P. [1980]: Iterated Maps on the Interval as Dynamical Systems. Basel/...: Birkhäuser.

Coullet, P.; Tresser, C. [1978]: Itérations d'endomorphismes et groupe de renormalisation. In: J. de Phys. C5, S. 25-28.

Crutchfield, J.; Farmer, D.; Packard, N.; Shaw, R.; Jones, G.; Donnelly, R.J. [1980]: Power Spectral Analysis of Dynamical Systems. In: Phys. Letters 76 A, Nr. 1, S. 1-4.

Curry, J.H. [1979]: On the Hénon Transformation. In: Commun. in Math. Phys. 68, S. 129-140.

Duffing, G. [1918]: Erzwungene Schwingungen bei veränderlicher Eigenfrequenz. Braunschweig: Vieweg u. Sohn.

Eckmann, J.-P. [1981]: Roads to Turbulence in Dissipative Dynamical Systems. In: Rev. of Mod. Phys. 53, Nr. 4, S. 643-654.

Farmer, J.D. [1981]: Order within Chaos. Santa Cruz: University of California, Diss.

Farmer, J.D. [1982]: Information Dimension and the Probabilistic Structure of Chaos. In: Z. Naturforsch. 37a, S. 1304-1325.

Farmer, J.D.; Ott, E.; Yorke, J.A. [1983]: The Dimension of Chaotic Attractors. In: Physica 7D, S. 153-180.

Feigenbaum, M.J. [1978]: Quantitative Universality for a Class of Nonlinear Transformations. In: J. of Stat. Phys. 19, Nr.1, S. 25-52.

Feigenbaum, M.J. [1979]: The Onset Spektrum of Turbulence. In: Phys. Lett. 74 A, S. 375-378.

Feigenbaum, M.J. [1980]: Universial Behavior in Nonlinear Systems. In: Los Alamos Sci. 1, S. 4-27.

Feit, S.D. [1978]: Characteristic Exponents and Strange Attraktors. In: Commun. in Math. Phys. 61, S. 249-260.

Goldstein, H. [1980]: Classical Mechanics. 2nd Ed., Reading, Mass.: Addision-Wesley Publ. Comp.

Grossmann, S.; Thomae, S. [1977]: Invariant Distribution and Stationary Correlation Functions of One-Dimensional Discrete Processes. In: Z. Naturforsch. 32a, 1353-1363.

Großmann, S. [1983]: Chaos - Unordnung und Ordnung in nichtlinearen Systemen. In: Phys. Bl. 39, Nr. 6, S. 139-145.

Guckenheimer, J.; Holmes, P. [1983]: Nonlinear Oscillations, Dynamical Systems, and Bifurcations of Vector Fields. New York/...: Springer-Verl.

Gustavson, F. [1966]: On Constructing Formal Integrals of a Hamiltonian System near an Equilibrium Point. In: Astron. J. 21, S. 670-686.

Hagedorn, P. [1978]: Nichtlineare Schwingungen. Wiesbaden: Akad. Verlagsgesellschaft.

Haken, H. [1983]: Advanced Synergetics. Instability Hierarchies of Self-Organizing Systems and Devices. Berlin/...: Springer-Verl.

Hayashi, C. [1964]: Nonlinear Oscillations in Physical Systems. New York: McGraw-Hill.

Helleman, R.H.G. [1980]: Self-Generated Chaotic Behavior in Nonlinear Mechanics. In: Fundamental Problems in Statistical Mechanics Vol.5. Cohen, E.G.D. (ed). Amsterdam/...: North Holland Publ., S. 165-233.

Helleman, R.H.G. [1983]: One Mechanism for the Onsets of Large-Scale Chaos in Conservative and Dissipative Systems. In: Long-time Prediction in Dynamics. Horton, C.W.Jr.; Reichl, L.E. (eds.). New York: John Wiley and Sons, S. 95-126.

Hénon, M. [1976]: A Two-dimensional Mapping with a Strange Attractor. In: Commun. Math. Phys. 50, S. 69-77.

Hénon, M.; Heiles, C. [1964]: The Applicability of the Third Integral of Motion: Some Numerical Experiments. In: The Astron. J. 69, S. 73-79.

Hirsch, M.W.; Smale, S. [1974]: Differential Equations, Dynamical Systems and Linear Algebra. New York: Academic Press.

Holmes, J.P. [1979]: A Nonlinear Oscillator with a Strange Attractor. In: Phil. Trans. of Royal Soc. London, 292, S. 419-448.

Hopf, E. [1942]: Abzweigungen einer periodischen Lösung von einer stationären Lösung eines Differentialgleichngssystems. In: Berichte der Math. Phys. Kl. d. Sächs. Akad. Wiss. Leipzig, S. 1-22.

Hsu, C.S. [1977]: On Nonlinear Parameter Exitation Problems. In: Advances in Appl. Mech. 17, S. 245-301.

Hsu, C.S. [1980]: A Theory of Cell-to-Cell Mapping Dynamical Systems. In: J. of Appl. Mech. 47, S. 931-939.

Hsu, C.S. [1981]: A Generalized Theory of Cell-to-Cell Mapping for Nonlinear Dynamical Systems. In: J. of Appl. Mech. 48, S. 634-642.

Hsu, C.S.; Guttalu, R.S. [1980]: An Unravelling Algorithm for Global Analysis of Dynamical Systems: An Application of Cell-to-Cell Mappings. In: J. of Appl. Mech. 47, S. 940-948.

Hsu, C.S.; Guttalu, R.S.; Zhu, W.H. [1982]: A Method of Analyzing Generalized Cell-Mappings. In: J. of Appl. Mech. 49, S. 885-894.

Hsu, C.S.; Kim, M.C. [1985]: Statistics of Strange Attractors by Generalized Cell Mapping. In: J. of Statist. Phys. 38, S. 735-761.

Hsu, C.S.; Yee, H.C.; Cheng, W.H. [1977]: Determination of Global Regions of Asymptotic Stability for Difference Dynamical Systems. In: J. of Appl. Mech. 44, S. 147-153.

Isaacson, D.L.; Madsen, R.W. [1976]: Markov Chains: Theory and Applications. New York: John Wiley and Sons.

Kaplan, J.; Yorke, J. [1979]: Chaotic Behavior of Multidimensional Difference Equations. In: Functional Differential Equations and Approximation of Fixed Points. Peitgen, H.-O.; Richter, H.-O. (eds.). Berlin/...: Springer-Verl., S. 228-237.

Kauderer, H. [1958]: Nichtlineare Schwingungen. Berlin/..: Springer-Verl.

Kirchgässner, K. [1982]: Qualitative Theorie der gewöhnlichen Differentialgleichungen. Stuttgart: Universität, Manuskript zur Vorl.

Kirchgraber, U.; Stiefel, E. [1978]: Methoden der analytischen Störungsrechnung und ihre Anwendungen. Stuttgart: Teubner.

Kleczka, M. [1985]: Zur Berechnung der Ljapunov-Exponenten und deren Bedeutung. Stuttgart: Universität, Inst. B für Mech., Stud-16.

Knobloch, H.W.; Kappel, F. [1974]: Gewöhnliche Differentialgleichungen. Stuttgart: Teubner

Kolmogorov, A.N. [1954]: On Conservation of Conditionally-Periodic Motions for a Small Change in the Hamilton Function. In: Dokl. Akad. Nauk SSSR 98, S. 525-530.

Kolmogorov, A.N. [1959]: Über die auf die Zeiteinheit bezogene Entropie als metrische Invariante der Automorphismen (in russisch). In: Dokl. Akad. Nauk. SSSR 124, S. 754-755.

Kreuzer, E.J. [1982]: Neue Entwicklungen auf dem Gebiet der nichtlinearen dynamischen Systeme - Eine Literaturstudie. Stuttgart: Universität, Inst. B für Mech., IB-4.

Kreuzer, E.J. [1984]: Domains of Attraction in Systems with Limit Cycles. In: Nonlinear Problems in Dynamical Systems - Theory and Applications. Hiller, M.; Sorg. H. (eds.). Stuttgart: Universität, S. 8.0-8.24.

Kreuzer, E.J. [1985a]: Analysis of Chaotic Systems Using the Cell Mapping Approach. In: Ing. -Arch. 55, S. 285-294.

Kreuzer, E.J. [1985b]: Analysis of Attractors of Nonlinear Dynamical Systems. In: Proc. of the Int. Conf. on Nonlinear Mech. Chien Wei-Zang (ed.-in-chief). Beijing: Science Press, S. 1044-1050.

Kreuzer, E.J. [1985c]: Statistical Properties of Dissipative Nonlinear Dynamical Systems. In: Nonlinear Problems in Dynamical Systems - Theory and Applications. Shimemura, E.; Hirai, K. (eds). Tokyo: Waseda University, S. 11.0-11.24.

Kreuzer, E.J. [1985d]: Analysis of Strange Attractors Using the Cell Mapping Theory. In: Proc. of the Tenth Int. Conf. on Nonlinear Oscillations. Brankov, B. (ed.-in-chief). Sofia: Acad. of Sci., S. 658-661.

Kreuzer, E.; Weber, R. [1986]: Zur Theorie der Normalschwingungen in nichtlinearen mechanischen Systemen.

Lichtenberg, A.J.; Lieberman, M.A. [1983]: Regular and Stochastic Motion. New York/...: Springer-Verl.

Ljapunov, A.M. [1907]: Problème Général de la Stabilité du Mouvement. In: Ann. Fac. Sci. Toulouse 9, S. 203-474 (Franz. Übersetzung der 1893 erschienenen russ. Originalarbeit in Comm. Soc. Math. Charkow).

Lorenz, E.N. [1963]: Deterministic Nonperiodic Flow. In: J. Atmos. Sci. 20, S. 130-141.

Magnus, K. [1976]: Schwingungen. Stuttgart: Teubner.

Marsden, J.E.; McCracken, M. [1976]: The Hopf-bifurcation and its Applications. New York: Springer-Verl.

May, R.M. [1976]: Simple Mathematical Models with very Complicated Dynamics. In: Nature 261, S. 459-467.

Mayer-Kress, G. [1984]: Zur Persistenz von Chaos und Ordnung in nichtlinearen dynamischen Systemen. Stuttgart: Universität, Diss.

Melnikov, V.K. [1963]: On the Stability of the Center for Time-periodic Perturbations. In: Trans. Moscow Math. Soc. 12, S. 1-57.

Minorsky, N. [1962]: Nonlinear Oscillations. Toronto/...: D. van Nostrand Co. Inc.

Moon, F.C. [1980]: Experiments on Chaotic Motions of a Forced Nonlinear Oscillator: Strange Attractors. In: J. of Appl. Mech. 47, S. 638-644.

Moon, F.C.; Holmes, P. [1979]: A Magnetoelastic Strange Attractor. In: J. of Sound and Vibr. 65, S. 275-296.

Moser, J. [1962]: On Invariant Curves of Area-Preserving Mappings on an Annulus. In: Nachr. Akad. Wiss. Göttingen, Math.-Phys. Kl. IIa, Nr. 1, S. 1-20.

Müller, P.C. [1977]: Stabilität und Matrizen. Berlin/...: Springer-Verlag.

Nayfeh, A.H. [1973]: Perturbation Methods. New York/...: John Wiley and Sons.

Nayfeh, A.H.; Mook, D.T. [1979]: Nonlinear Oscillations. New York: Interscience Publ.

Newhouse, S.E. [1980]: Lectures on Dynamical Systems. In: Dynamical Systems, C.I.M.E. Lectures Bressanone, Italy, 1978. Progress in Mathematics. Coates,J.; Helgason, S. (eds.). Boston/...: Birkhäuser, S. 1-144.

Oseledec, V.I. [1968]: A Multiplicative Ergodic Theorem: Ljapunov Characteristic Numbers for Dynamical Systems. In: Trans. Moscow Math. Soc. 19, S. 197-231.

Ott, E. [1981]: Strange Attractors and Chaotic Motions of Dynamical Systems. In: Rev. of Mod. Phys. 53, Nr. 4, S. 655-671.

Pars, L.A. [1979]: A Treatise on Analytical Dynamics. Woodbridge: Ox Bow Press.

Peitgen, H.-O.; Richter, P.H. [1986]: The Beauty of Fractals, Images of Complex Dynamical Systems. Berlin/...: Springer Verl.

Pesin, Ya. B. [1977]: Characteristic Lyapunov Exponents and Smooth Ergodic Theory. In: Russ. Math. Surv. 32, S. 55-114.

Poincaré, H. [1892]: Les méthodes nouvelles de la mécanique céleste. Vol. 1. Paris: Gauthier-Villars.

Pomeau, Y.; Manneville, P. [1980]: Intermittent Transition to Turbulence in Dissipative Dynamical Systems. In: Commun. Math. Phys. 74, S. 189-197.

Popp, K. [1982]: Chaotische Bewegungen beim Duffing-Schwinger. In: Festschrift zum 70. Geburtstag von Prof. K. Magnus, München, Techn. Universität, Lehrstuhl B für Mechanik, S. 269-296.

Rannou, F. [1974]: Numerical Study of Discrete Plane Area-preserving Mappings. In: Astron. and Astrophys. 31, S. 289-301.

Rössler, O.E. [1976]: An Equation for Continuous Chaos. In: Phys. Lett. 57A, S. 397-398.

Ruelle, D. [1981]: Small Random Perturbations of Dynamical Systems and the Definition of Attractors. In Commun. Math. Phys. 82, S. 137-151.

Ruelle, D.; Takens, F. [1971]: On the Nature of Turbulence. In: Commun. Math. Phys. 20, S. 167-192.

Schiehlen, W. [1985]: Technische Dynamik. Stuttgart: Teubner.

Schmidt, G. [1975]: Parametererregte Schwingungen. Berlin: VEB Deutscher Verlag der Wissenschaften.

Shampine, L.F.; Gordon, M.K. [1984]: Computer-Lösung gewöhnlicher Differentialgleichungen. Braunschweig/...: Vieweg.

Shannon, C.E. [1948]: A Mathematical Theory of Communication. In: The Bell Sys. Tech. J. 27, S. 379-423 und 623-656.

Shaw, R. [1981]: Strange Attractors, Chaotic Behavior, and Information Flow. In: Z. Naturforsch. 36a, S. 80-112.

Seydel, R. [1980]: The Strange Attractors of a Duffing Equation-Dependence on the Exciting Frequency. München: Techn. Univ., Inst. f. Math., TUM-M8019.

Simó, C. [1979]: On the Hénon-Pomeau Attractor. In: J. of Stat. Phys. 21, Nr. 4, S. 465-494.

Sinai, Ya. [1959]: Über den Begriff der Entropie des dynamischen Systems (in russisch). In: Dokl. Akad. Nauk. SSSR 124, S. 768.

Smale, S. [1967]: Differentiable Dynamical Systems. In: Bull. Amer. Math. Soc. 73, S. 747-817.

Sparrow, C. [1982]: The Lorenz Equations: Bifurcations, Chaos, and Strange Attractors. New York/...: Springer-Verl.

Stoer, J.; Bulirsch, R. [1978]: Einführung in die Numerische Mathematik II. Berlin/...: Springer Verl.

Troger, H. [1982a]: Über Chaotisches Verhalten einfacher mechanischer Systeme. In: Z. Angew. Math. und Mech, 62, S. T18 - T27.

Troger, H. [1982b]: Verzweigungstheorie - Eine Herausforderung für Mathematiker und Ingenieure. Ges. f. Angew. Math. und Mech., Mitteilungen Heft 2, S. 47-82.

Ueda, Y. [1980]: Steady Motions Exhibited by Duffing's Equation: A Picture Book of Regular and Chaotic Motions. In: New Approaches to Nonlinear Problems in Dynamics. Holmes, P.J. (ed.). Philadelphia: Soc. Ind. and Appl. Math., S. 311-322.

Van der Pol, B. [1927]: Forced Oscillations in a Circuit with Nonlinear Resistance. In: London Edinbourgh and Dublin Phil. Mag. 3, S. 65-80.

Willems, J.L. [1973]: Stabilität dynamischer Systeme. München/...: Oldenbourg.

Zurmühl, R. [1964]: Matrizen und ihre technischen Anwendungen. Berlin/...: Springer-Verl.

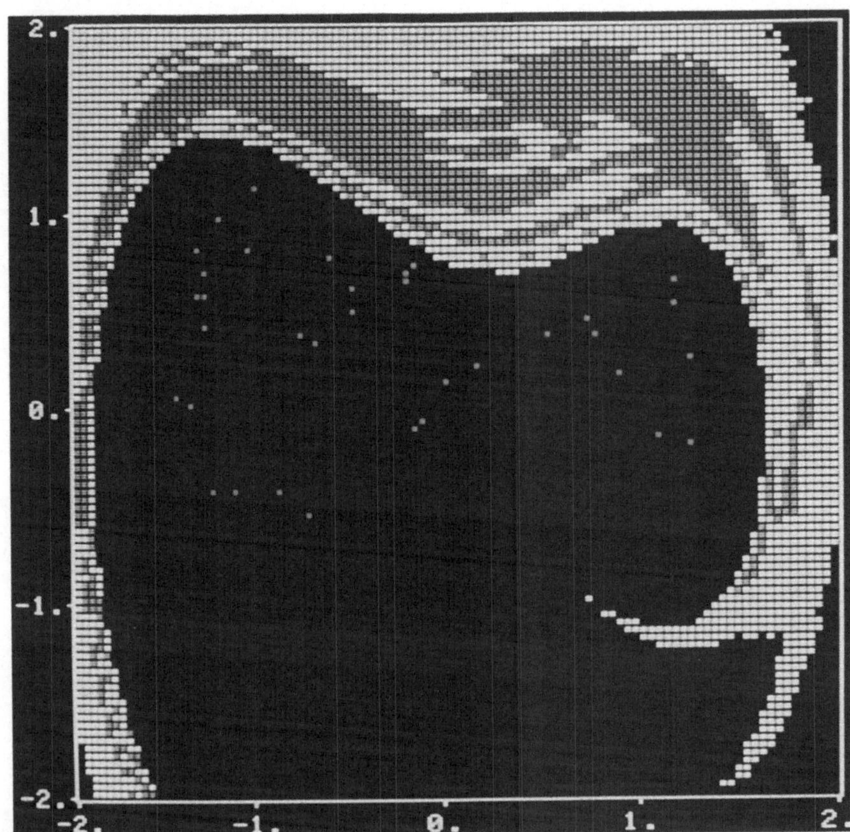

Farbtafel 1

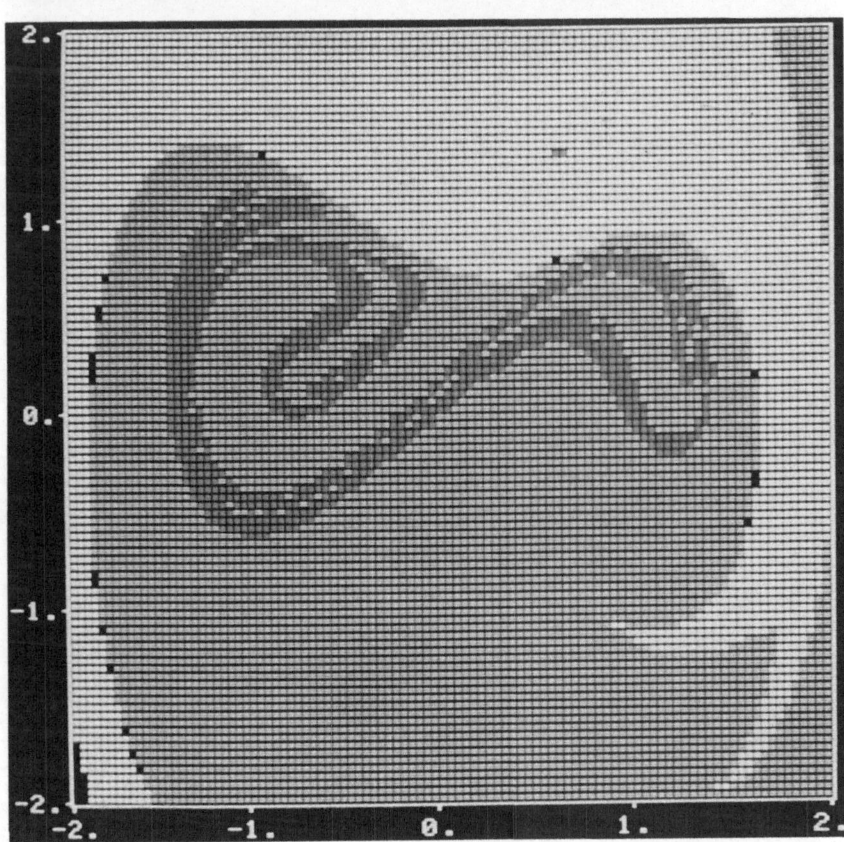

Farbtafel 2

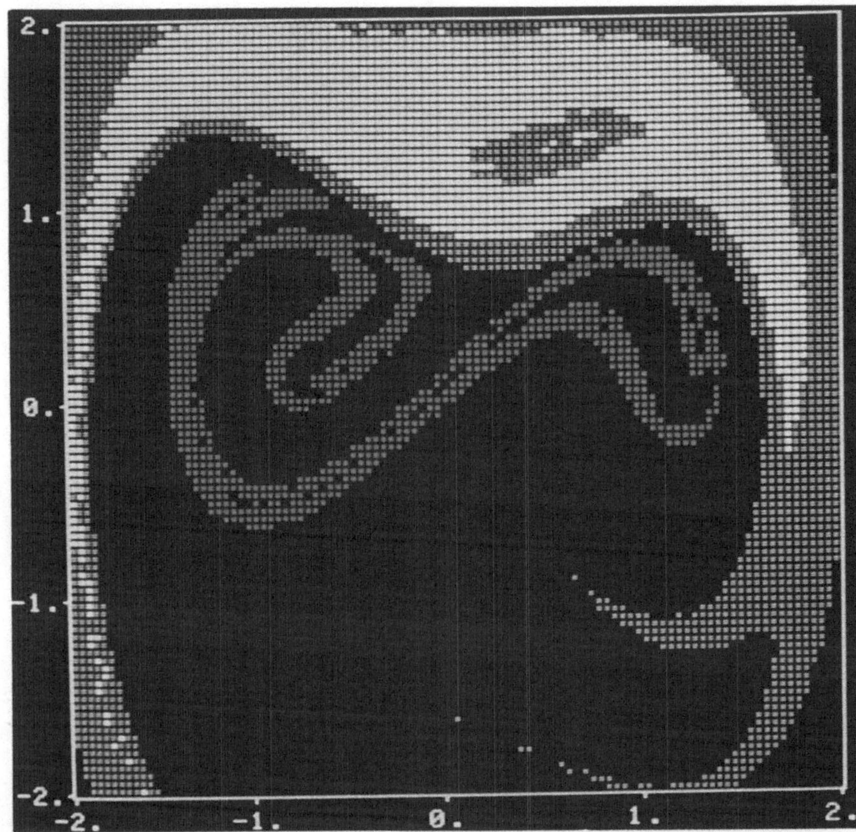

Farbtafel 3

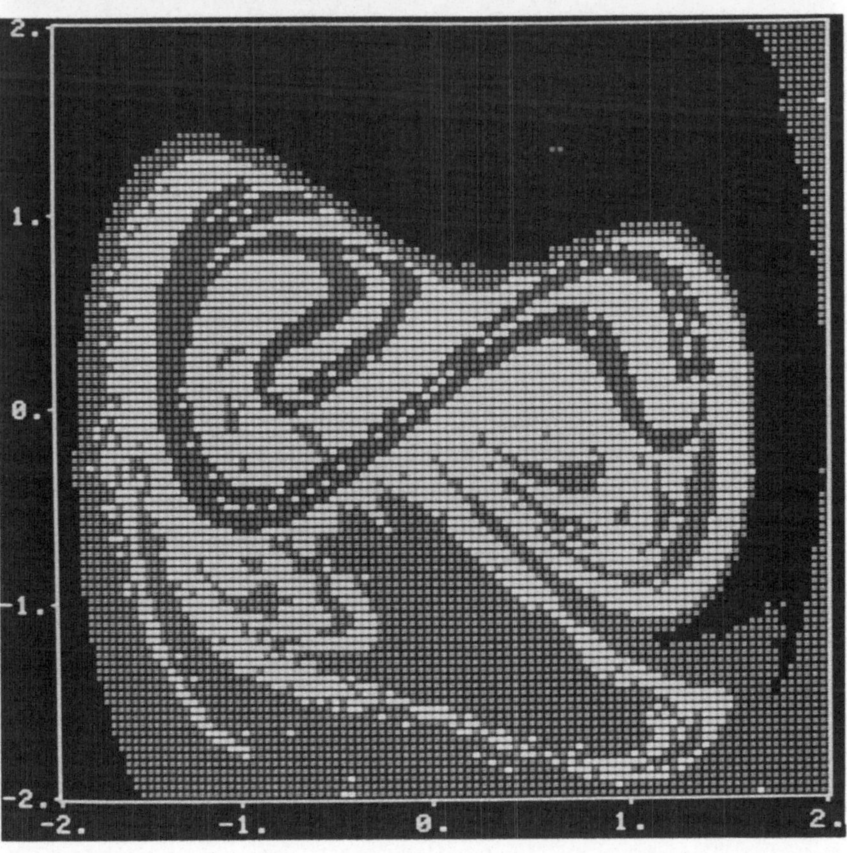

Farbtafel 4

Sachverzeichnis